Gîtes miniers du Portugal

GITES MINIERS

DU

PORTUGAL

PAR

Étienne DOUZAL
INGÉNIEUR DES MINES
DOCTEUR ÈS SCIENCES PHYSIQUES

PARIS
ÉDITIONS SPÉCIALES DES MINES
23, RUE VANEAU, 23
—
1922

TABLEAU

DES FORMATIONS GÉOLOGIQUES

Tableau des formations géologiques.

PÉRIODES	SYSTÈMES	ÉTAGES	PRINCIPAUX GISEMENTS
Période Kainosoïque.	Quaternaire.	Alluvium . . . . Diluvium	Tourbe, fer limoneux, gîtes alluvionnaires d'or, de platine, d'étain, de pierres précieuses.
	Tertiaire.	Piocène	Sel gemme à Wieliczka.
		Miocène	Lignite allemand.
		Oligocène.	Lignite allemand. Ambre du Samland. Fer pisolithique du sud de l'Allemagne. Pétrole en Alsace.
		Éocène	»
Période Mésozoïque.	Crétacé	Sénonien	Craie de Rügen.
		Turonien . . . . Cénomanien . . . . . . Gault . . . . Néocomien	Fer pisolithique (Peine), phosphorite.
		Wéaldien	Houille de Deister Bückeburg.
	Jura.	Malm ou Jura blanc	Asphalte de Hanovre.
		Dogger ou Jura brun	Minette ferrugineuse, en Lorraine et Luxembourg.
		Lias ou Jura noir. .	Houille en Hongrie.
	Trias.	Marnes irisées.	Sel gemme en Lorraine.
		Kuschel Kalk.	Zinc dans la Haute-Silésie. Sel gemme dans l'Allemagne méridionale. Chaux à Rüdersdorf.
		Grès bigarrés.	Plomb à Mechernich. Sel gemme dans l'Allemagne du Nord.

PÉRIODES	SYSTÈMES	ÉTAGES	PRINCIPAUX GISEMENTS
Période Paléozoïque.	Pernien..........	Zechstein.........	Cuivre du Mansfeld. Sel gemme et sels de potasse dans le centre et le nord de l'Allemagne.
		Rotliegendes......	»
	Carbonifère......	Carbonifère supérieur (carbonifère productif).	La plupart des gisements houillers du globe.
		Carbonifère inférieur (culm, c'est-à-dire calcaire carbonifère).	Filons du Hartz, de Selbeck, etc... Zinc à Aix-la-Chapelle.
	Divonien	Divonien supérieur, moyen, inférieur	Fer du Nassau. Minerais du Rammelsberg. Pétrole en Amérique. Or au Transvaal.
	Silurien	Silurien supérieur, moyen, inférieur	Schiste alumineux en Allemagne et en Angleterre. Ardoise grapholithe en Thuringe. Cuivre du Lac supérieur (Amérique du Nord) et de l'Espagne méridionale (Rio-Tinto).
	Cambrien........	Cambrien supérieur, moyen et inférieur.	Schistes alumineux en Thuringe.
Période Archaïque.	Schistes primitifs.	Phyllites..........	Graphite, marbre, minerais de fer en Suède. Étain de l'Erzgebirge. Filons de Freiberg (Saxe).
		Micaschistes	
	Gneiss primitif...	Gneiss primitif supérieur et inférieur...........	

CHAPITRE I

NOTIONS GÉNÉRALES SUR LES MINERAIS ET GISEMENTS MÉTALLIFÈRES

I

NOTIONS GÉNÉRALES SUR LES MINERAIS ET GISEMENTS MÉTALLIFÈRES

On désigne sous le nom de minerais, les substances minérales intercalées dans les roches et dont on peut extraire, par un traitement métallurgique, des métaux ou certains métalloïdes tels que le soufre, l'antimoine, l'arsenic, etc.

Les gîtes ou gisements métallifères sont les dépôts naturels des minerais. On les dit réguliers quand ils affectent les formes de filons, couches, amas stratifiés ou non, bassins, etc., irréguliers quand ils se rencontrent accidentellement en poches, nodules, griffons, bandes, veines ou veinules, stockwerks, en sécrétions isolées dans les roches ignées et les roches éruptives, ou encore en dissémination dans les alluvions et les terrains de transport.

Tous les gisements métallifères, considérés uniquement au point de vue génétique, peuvent trouver place dans les trois groupements suivants :

1° Gîtes primaires ou d'émanation directe.

Type : les sulfurés.

2° Gîtes secondaires ou de remaniement.

Type : les oxydés.

3° Gîtes de transport.

Type : les alluvions métallifères (Or, Platine, Cuivre, etc.).

Les gîtes secondaires aussi bien que les gîtes de transport proviennent du remaniement, par des causes et sous des formes diverses, des gisements primaires dont les types ordinaires : sulfures, arséniures, antimoniures, arsénio-sulfures, antimonio-sulfures, chlorures, etc., ont été transformés en sulfates, carbonates et généralement en oxydés.

Un gîte métallifère — couche ou filon — se définit par sa direction moyenne, son inclinaison, qu'on appelle encore pendage ou plongement, et sa puissance ou épaisseur.

La direction moyenne se détermine à la boussole; le pendage est l'angle que fait la ligne de plus grande pente avec l'horizon; la puissance est la distance entre les deux parois ou épontes du gîte.

La paroi supérieure est le toit et la paroi inférieure le mur du filon.

Le remplissage d'un filon est presque toujours séparé de la roche encaissante par une mince couche argileuse appelée salbande.

Le gisement en couche présente une allure qui avoisine l'horizontale, le filon est plutôt redressé.

Un amas est un gisement limité en direction et affectant une forme plus ou moins renflée.

L'affleurement d'un gisement est son découvert sur le sol; il est quelquefois dissimulé sous des dépôts terreux ou rocheux qu'on appelle morts-terrains.

Le minerai des affleurements de surface est généralement constitué par des oxydés (oxydes, carbonates, sulfates, etc.) qui recouvrent jusqu'au niveau hydrostatique le remplissage primaire du filon et constituent, en leur ensemble, ce qu'on appelle le chapeau de fer (Gossan, Eisenhut).

Les filons peuvent être eux-mêmes recoupés par un dyke rocheux, croisés par un autre filon ou rejetés par une faille.

Par définition, les failles sont des fractures qui, au moment où elles se sont produites, ont déplacé de part et d'autre, et dans le sens vertical, les terrains qu'elles ont fendillés.

Quelquefois la faille se réduit à un simple plan de fracture; mais le plus souvent elle contient un remplissage de terres et fragments de roche; elle peut aussi être remplie par une roche éruptive ou par des matières minérales.

La faille se définit, comme le filon, par sa direction, son inclinaison, sa puissance, son toit et son mur.

Dans une région déterminée, il est de règle qu'un filon est rarement isolé; il forme presque toujours partie d'une série de filons plus ou moins parallèles ou croiseurs. Le filon composé d'un grand nombre de veines irrégulières est un stockwerk.

Le parallélisme des gîtes s'applique surtout aux gisements sédimentaires et en particulier aux charbons.

Les filons renferment des minerais et des matières stériles ou gangues, les uns comme les autres très irrégulièrement répartis.

C'est une erreur de croire que les filons métallifères s'enrichissent en profondeur; ce que l'on sait, c'est que leur remplissage se modifie par des transformations successives de haut en bas. Ainsi, sous un chapeau d'oxydés, on trouvera la série suivante de sulfures passant insensiblement des uns aux autres : cuivre sulfuré, pyrite cuivreuse, pyrite, galène, galène blendeuse, blende, etc.

Les filons traversent des roches éruptives, acides et basiques, et des roches à allure sédimentaire : gneiss, schistes cristallins, calcaires, schistes argileux, etc.

En général, quand les roches acides (granites, porphyres, etc.) abondent dans une région, celle-ci est pauvre en roches basiques, et réciproquement. Mais, quelle que soit leur nature, on s'accorde à reconnaître une corrélation génétique fréquente entre les filons métallifères et les roches éruptives d'une même région. Ainsi on trouve le cuivre, le nickel et le cobalt de préférence dans les roches vertes (diorites, diabases, gabbros, etc.) ou dans leur voisinage. Le fer chromé et le platine ont pour horizon les serpentines et les péridotites; le zinc et le plomb se rencontrent dans les granites et dans les calcaires avoisinant des roches acides; l'étain est subordonné aux roches acides.

Toutefois, la réciproque n'est pas toujours vraie et ce serait une erreur de croire que la présence d'une roche éruptive comporte nécessairement le voisinage du métal qui lui est subordonné.

Cette coïncidence est bien connue des mineurs américains et australiens qui savent la quasi-impossibilité de rencontrer un minerai riche et abondant, surtout d'or, s'il n'existe pas dans la région ce qu'ils appellent des dykes porphyriques, d'origine éruptive.

Dans le but de faciliter les recherches minières, on a cherché à définir l'orientation des remplissages filoniens par rapport aux systèmes de montagnes; mais aucune des théories émises à ce sujet n'a été confirmée par la pratique.

La direction du filon ne peut, en effet, être soumise à des lois rigoureuses, elle varie avec les régions et surtout avec la nature des roches traversées, car celles-ci se fracturent différemment selon leur origine, leur mode de formation et leur ténacité.

Un autre fait observé, c'est que, dans les régions minières, les filons ne sont pas distribués d'une façon régulière ou même irrégulière sur toute l'étendue du bassin éruptif. On les trouve, au contraire, localisés, concentrés pour ainsi dire, en un ou plusieurs centres entre lesquels il est inutile de faire des recherches, car la continuité métallifère n'existe pas.

Toutes les observations qui précèdent peuvent se traduire par quelques règles dont l'utilisation est recommandée aux prospecteurs de mines :

1° On ne rencontre pas de gisements métallifères de l'ordre primaire dans les terrains stratifiés qui ne sont pas traversés par des roches éruptives ou ignées ;

2° Les roches à structure tourmentée ou broyée et à diaclases nombreuses recèlent plus de gisements métallifères que les roches compactes et peu fracturées ;

3° Dans les régions à terrains éruptifs, les filons sont concentrés en un ou plusieurs centres, comme si la venue métallifère éruptive correspondait seulement à une période déterminée de l'éruption originelle, et plus particulièrement à la fin de celle-ci ;

4° Les terrains métamorphiques, qui témoignent du voisinage de roches éruptives, sont favorables à la recherche des minerais, particulièrement dans les régions de montagnes ;

5° Les roches basiques, et en particulier les roches vertes, dénoncent presque toujours, dans leur voisinage, la présence de gîtes de cuivre, nickel, cobalt, or, etc.

A ces règles d'ordre général et dont la précision n'est pas absolue, on peut ajouter les suivantes qui s'appliquent aux filons ;

1° Lorsqu'un filon est disloqué par un croiseur, il y a presque toujours enrichissement sur le premier à proximité du croisement ;

2° Quand deux filons se croisent sous un angle aigu, il y a toujours enrichissement au croisement ou en son voisinage ; mais cet enrichissement disparaît en profondeur si l'angle aigu augmente et se rapproche de l'angle droit ;

3° Lorsqu'une faille rejette un filon, en observe souvent un enrichissement en aval-pendage et une oxydation au-dessous de la faille, c'est-à-dire en amont-pendage ; de plus, la faille est minéralisée entre les deux rejets.

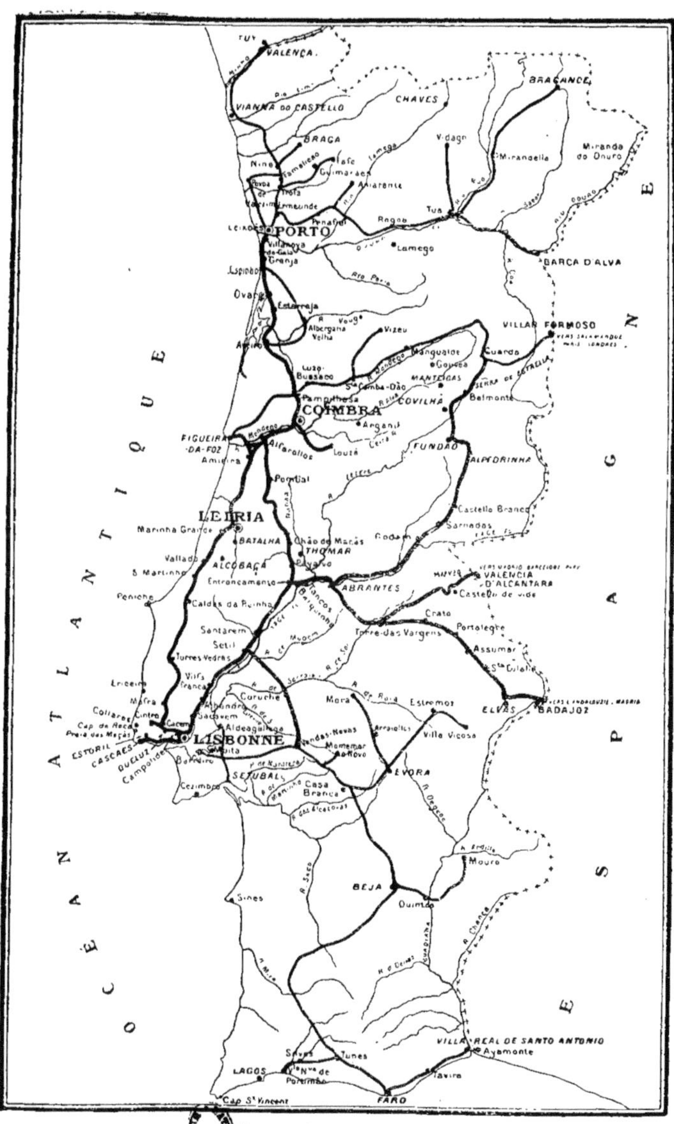

 Carte du Portugal.

DOUZAL

CHAPITRE II

ANTIMOINE

II

ANTIMOINE

Sb = 120,2

Minerais d'Antimoine.

Stibine : Sb^2S^3. Sulfure à 71 % d'Antimoine. Sb = 71,8 ; S = 28,3.

Ce sulfure cristallise dans le système orthorrhombique : les cristaux ont tendance à s'allonger en baguettes.

La forme commune est le prisme)110(terminé par)111(.

$$a : b : c = 0{,}993 : 1 : 1{,}018$$
$$m =)110(,\ B =)010(,\ p =)111(.$$
$$Bm\ (010) : (110) = 45°13';\ pm\ (111) : (110) = 34°51';$$
$$Bp\ (010) : (111) = 54°36'.$$

Clivage)010(parfait. Plan de glissement (001). Légèrement ployable. Fracture conchoïdale. D = 2, G = 4,6. Gris d'acier. Lustre métallique. Opaque. Facilement fusible. Se volatilise. Décomposé par HCl.

Une surface de clivage de la stibine est admirablement propre à montrer que la conductibilité pour la chaleur est inégale suivant les directions différentes dans le cristal.

La Stibine est le minerai ordinaire d'antimoine. On rencontre ce minerai dans la profondeur des gisements. On le trouve à l'état massif en quantités considérables.

Sénarmontite : Sb^2O^3, à 85,5 %. Produit oxydé qu'on rencontre aux affleurements.

Valentinite ou *Exitèle* : Sb^2O^3. Oxyde de même composition que la Sénarmontite, rencontrée comme elle aux affleurements.

Cristallise dans le système orthorrhombique :

$$mm = 137°7' \ (Dx)$$
$$b : h = 1000 : 1292{,}434. \ D = 930{,}790 \ d = 365{,}554$$
$$(a : b : c = 0{,}39273 : 1 : 1{,}38885.)$$

Formes observées « m (110), h^1 (100), h^2 (310) ; $a^{13/2}$ (2.0.13) ; e^4 (014) ; $x = (b^{1/2} \, b^{1/19} \, g^{1/28})$ (1.8.28) ; $\nu = (b^{1/2} \, b^{1/6} \, g^{1/13})$ (2.4.13)

Les cristaux de Valentinite se présentent sous des aspects assez variés suivant les échantillons :

a) Cristaux allongés suivant l'axe vertical et parfois aplatis suivant h^1 (100) ;

b) Cristaux allongés suivant l'axe vertical et aplatis suivant g^1 (010) ;

c) Cristaux dépourvus de pinacoïdes et formés par les faces m (110) et des clinodomes, avec ou sans allongement suivant l'axe *a*.

La valentinite se rencontre plus souvent en masses fibrolamellaires qu'en cristaux distincts ; elle forme d'ordinaire des masses bacillaires, étoilées, palmées, des sphérolites plus ou moins hérissés de pointes cristallines. Elle constitue aussi des masses compactes, grenues, lamellaires, columnaires ou ayant conservé les formes de la stibine aux dépens de laquelle elle se forme généralement.

C'est donc un minéral secondaire, résultant de l'altération du minerai d'Antimoine.

Cervantite : Sb^4O^8. Certains auteurs la considèrent comme orthorrhombique ; il est probable que la forme des agrégats orthorrhombiques qui la constituent est celle de Stibine épigénisée.

Elle forme aussi des croûtes, des concrétions, des masses pulvérulentes.

Dureté : 4 à 5.

Densité : 4,08.

Coloration jaune soufre.

Éclat gras et nacré.

La Cervantite provient aussi d'altérations de la Stibine.

Kermès ($2 Sb^2S^3 + Sb^2O^3$). Oxysulfure d'Antimoine qui a parfois été confondu avec le Cinabre.

Minerais complexes.

On trouve, en outre, de nombreux minerais complexes dans lesquels l'Antimoine seul ou associé avec du Soufre, de l'Arsenic, du Sélénium, du Tellure, est combiné à des métaux divers comme le Fer, le Cuivre, le Plomb, le Zinc, l'Argent, le Mercure.

Ces métaux peuvent se remplacer en partie mutuellement. On trouve :

La *Berthierite :* $TeSb^2S^4$. Combinaison de sulfure d'Antimoine et de Fer, qui renferme 9 à 16 % de fer.

La *Wolfobergite* ou *Chalcostibite :* $Cu\ Sb^2S^4$. Combinaison d'Antimoine et de Cuivre.

La *Panabase* (cuivre gris). Combinaison d'Antimoine avec le Cuivre et le Zinc ($4\ CuS\ SbS^2 + Cu^2S + 2\ ZnS$).

La *Boulangerite :* $Pb^2Sb^2S^6$. Sulfure mixte d'Antimoine et de Plomb.

La *Bournonite* : $Cu\ PbS\ SbS^3$. Sulfure complexe d'Antimoine, de Plomb et de Cuivre.

La *Nagyagite* $(Pb, Au)^2\ (Te, S, Sb)^3$. Combinaison avec l'Or et le Plomb.

La *Freieslébénite :* $3\ Ag\ SbS^3 + 2\ PbS$. Association de l'Antimoine, de l'Argent et du Plomb.

Stibines aurifères. Un grand nombre de stibines renferment de l'or.

Gisements portugais d'Antimoine.

Comme le Soufre, l'Antimoine intervient surtout pour former des sulfosels acides, tantôt précipités isolément (Stibine), tantôt combinés avec des sulfures métalliques, basiques.

On trouve l'antimoine associé avec toute une série de sulfures métalliques.

La gangue de l'Antimoine est presque toujours formée par le Quartz. Exceptionnellement, on y trouve de la Barytine ou des carbonates. L'Antimoine se trouve dans les roches éruptives.

Classification des gisements d'Antimoine.

Les minerais oxydés dérivant nettement de l'altération des minerais sulfurés, la classification doit se restreindre aux diverses combinaisons sulfurées :

1° Filons de Stibine à gangue de Quartz avec pyrite et Mispickel;

2° Stibines aurifères;

3° Association de l'Antimoine et du Cuivre;

4° Association de l'Antimoine et du Plomb ou de l'Argent;

5° Association de l'Antimoine avec le Mercure;

6° Association de l'Antimoine, de l'Arsenic et du Soufre;

7° Filons-couches et filons au contact des calcaires avec les schistes.

Au Portugal, on ne trouve que les deux premiers termes de la classification.

Filons de stibines à gangue de Quartz avec pyrite et Mispickel.

Dans le bassin du Douro, on rencontre une importante zone antimonieuse à l'est de Porto, entre cette ville et Panafiel.

Cette zone se répartit le long d'un synclinal siluro-carbonifère, et s'étend, sur 20 kilomètres, le long de S. Laurenço d'Armes à Vallongo, Gondomar, Sarnades et Gondarem.

Les plus beaux minerais d'Antimoine sont aux gîtes de Gondomar, Tapada, Lixa, Corcega, etc.

A côté d'eux se trouvent un grand nombre d'autres gisements qui ne sont pas de moindre importance.

Gisement de Portal. — Le gisement de Portal, comprenant les mines *du Portal* et celles de Valle da Rocha, est situé sur les bords mêmes du Douro, rive gauche, et à très peu de distance de ce fleuve.

On y observe plusieurs filons (on en compte jusqu'à huit) dont l'orientation se rattache aux directions suivantes :

N. 20° E. (heure 1 à 2) avec inclinaison E.-O. (Valle da Rocha).
N. 35° E. (» 2 à 3) » S.-E. (Portal et Valle).
N. 50° E. (» 3 à 4) » N.-O. (Portal).
N.-S. (» 12) » E. (Portal)

Dans les filons N. 35° E., la métallisation est variable et présente parfois, à l'exclusion de l'Antimoine, de la Galène et de la Blende avec une gangue qui, pour tous les filons, est composée de Quartz, de pyrite de fer et de fragments des terrains encaissants.

Cette observation n'est peut-être qu'accidentelle, mais elle mérite d'être notée.

La métallisation de ces divers filons est irrégulière.

La teneur en or du minerai a été parfois de 19 grammes à la tonne et celle du quartz s'est élevée jusqu'à 25 grammes, certains échantillons ont même donné jusqu'à 200 grammes d'or à la tonne de Quartz.

Les terrains encaissants sont des schistes micacés argilo-siliceux, gris ou plus ou moins colorés par les oxydations ferrugineuses, limités d'un côté par les granites et de l'autre par le terrain carbonifère. Leur orientation générale est N. 10 à 20° Est et leur inclinaison assez faible est de 15° vers l'Est.

Gisement de Gondarem. — A 4 ou 5 kilomètres à l'ouest du gisement antimonieux du Portal et dans les terrains qui limitent au N.-E. le terrain carbonifère, sur la même rive gauche du Douro, se trouve le gisement plombeux de Gondarem, dans lequel on retrouve les filons avec une direction sensiblement E.-O.

Les terrains encaissants, schistes argilo-siliceux cambriens ont une orientation générale moyenne N. 20° O. avec des inclinaisons variant de 40 à 90° vers l'Est.

Cinq filons ont été explorés dans ce groupe, ayant tous une direction se rapprochant de la ligne E.-O. (heure VI); avec une inclinaison de 70 à 80° vers le Sud.

On observe cependant peu de régularité dans l'allure et la métallisation ou minéralisation de ces filons qui sont assez fréquemment ramifiés ou coupés et rejetés par des filons croiseurs ou failles, à remplissage de schistes noirs dont l'allure n'a pas été déterminée.

La gangue des filons est quartzeuse avec des fragments de schistes et de la pyrite de fer.

Le minerai est composé de galène argentifère (2 kil. 140 d'Argent à la tonne de minerai) et de Blende et de leurs dérivés.

Gisement de Ribeiro do Rebentao. — Ce gisement de sulfure d'Antimoine est un des premiers que l'on rencontre sur la rive droite du Douro, en marchant du S.-E. au N.-O.

Il est enclavé dans les schistes silico-argileux orientés sensiblement N.-E. et inclinant à l'Est.

Un seul filon a été reconnu. Sa direction est N. 20° E. et son inclinaison vers l'Est.

Le remplissage est formé de Quartz et de fragments de schistes encaissants.

Gisement de Ribeiro da Serra. — Plusieurs filons ont été reconnus et exploités dans cette concession; ce sont les filons César, Ferreira, Cardoso, Precioso, Alvorinho, Esperanza.

Le filon César a une direction sensiblement N. 15° E. (heure I) tout à fait identique à celle des schistes encaissants, mais il coupe presque perpendiculairement la stratification de ces derniers avec une inclinaison Ouest.

Les filons Ferreira, Cardoso et Esperanza ont une direction E.-O. (heure VI).

Le filon Precioso suit la direction E. 20° N. (heure IV 40).

La direction du filon Alvorinho est N.-S. (heure XII).

Les filons croiseurs, très nombreux et généralement stériles, ont une direction se rapprochant sensiblement de heure III ou heure IV, avec une très faible inclinaison sur l'horizon, 15 à 20°, l'inclinaison générale des filons métallisés variant de 30 à 60° sur l'horizon.

La puissance de ces derniers varie de 0m50 à 2 mètres; leur remplissage est composé de Quartz presque toujours aurifère, de schistes encaissants plus ou moins décomposés et tendres, de pyrite de fer et de sulfure d'Antimoine. Ce minerai n'est pas répandu d'une manière uniforme dans la masse des filons et se présente, au contraire, en amas assez irréguliers et sans suite.

Gisement de Fontinha. — Dans cette concession, on distingue trois filons principaux : l'un, qui paraît être la continuation du filon César de la mine do Ribeiro da Serra et qui en a tous les caractères; un second, le filon Outeiro, qui a une direction se rapprochant de l'heure III, et le troisième, qui a une direction N.-S. Tous ces filons ont donné lieu, ainsi que ceux do Ribeiro do Santos, à des travaux d'une certaine importance.

Les terrains encaissants, de mêmes nature et allure que ceux de Ribeiro, ont une direction N. 10° E. et une plongée de 30 à 45° vers l'Est. Ils sont toujours constitués par des schistes argilo-siliceux cambriens.

Gisement de Tapada do Padre. — Dans des conditions identiques se trouve le gisement de Tapada do Padre. Un filon y est reconnu et exploré. Sa direction est tout autre que celle des précédents filons et se rapproche de la ligne E.-O. avec des inflexions plus ou moins grandes vers le Nord ou vers le Sud et son inclinaison est d'environ 40 à 45° vers le Nord. Sa puissance, très variable, peut être considérée en moyenne de 0m70 à 0m80. Son remplissage est composé de fragments de schistes encaissants, de quartz, presque toujours suffisamment aurifère pour pouvoir être utilisé, et de Stibine.

C'est un des filons de la région qui ont été le plus complètement étudiés et exploités. Dans la zone d'exploitation, d'environ 350 mètres de longueur, trois colonnes minérales, toutes inclinant vers l'Est et formant un angle de 30 à 35° avec la ligne de plus grande pente, ont été déterminées.

Gisement de Sitio do Corgo. — Le gisement du Corgo, au voisinage et au N.-O. du précédent, renferme un filon exploré jusqu'à la profondeur d'environ 150 mètres suivant l'inclinaison et à peu près autant en direction. Cette dernière suit une ligne E. 20° N. et l'inclinaison est d'environ 45° vers le Sud.

Les conditions de remplissage du filon sont absolument les mêmes que celles des gisements précédents.

Gisement de Valle do Pinheirinho. — Ce gisement, à l'ouest de celui da Tapada do Padre, comprend deux filons dont l'un a une direction E. 40° N. avec une plongée de 60 à 70° vers le S.-E., et l'autre une direction E.-O. avec une inclinaison de 30° seulement vers le Sud.

On y a reconnu aussi un filon croiseur métallisé ayant une direction N. 30° O. et une inclinaison de 30° vers l'Ouest. Ce filon croiseur est postérieur aux précédents, ces derniers étant rejetés par le premier.

Le Quartz, qui se trouve dans le remplissage des filons, est aurifère.

Gisement de Bouça Velha. — Le gisement de Bouça Velha, au N.-N.-E. et à 1 ou 2 kilomètres de celui de Tapada do Padre, n'a qu'une importance minime et je ne le signale que par la direction particulière du filon N. 35° O. qui se rapproche singulièrement de celle du filon croiseur précédemment décrit. La métallisation est irrégulière et généralement pauvre.

Gisements de Fojo Ribeira et Tapadada Escusa. — Les terrains dans lesquels se trouvent ces mines font partie du versant ouest de la montagne des Açores, contrefort occidental de la montagne de Santa Justa.

Ils appartiennent, d'une manière générale, aux terrains cambrien, silurien et carbonifère.

Les gisements d'Antimoine sont compris dans le premier de ces terrains dont les roches dominantes sont des schistes argilo-siliceux, parfois talqueux, diversement colorés, et dont la direction est généralement N. 10 à 20° O. (heure XI).

Il existe dans ces concessions des vestiges d'anciens travaux comme du reste, dans toute la zone antimonifère et aurifère de cette région qui s'étend de Vallongo au N.-O., à Castello de Paiva au S.-E.

La direction des filons dans la concession de Fojo et da Ribeira est approximativement E.-O. Leur inclinaison est de 50° environ au Nord. Dans la concession de Tapada da Escusa, la direction du filon paraît être un peu différente et se rapprocher sensiblement de celle des schistes encaissants N. 20° O. Son inclinaison vers l'Ouest est encore indéterminée.

Ces gisements se rencontrent à 2 kilomètres environ au nord de celui du Valle do Pinheirinho.

Gisement de Mont'Alto. — A 3kilomètres N.-O. de la concession da Tapada da Escusa se trouve celle de Mont'Alto, une des principales de la région et où l'on exploite un filon dont la direction générale est N. 45° O. (heure IX) et l'inclinaison de 50° O.

Son remplissage est formé par du sulfure d'Antimoine associé à des schistes grisâtres et à du Quartz plus ou moins compact, plus ou moins cristallisé et plus ou moins aurifère. Il n'est pas rare d'y apercevoir des particules d'or à l'œil nu. Il en est de même dans les trois concessions précédentes.

Dans la même région, on a reconnu un autre filon d'allure indéterminée.

Gisement de Levada do Rego. — A 2 kilomètres à l'est du gisement de Mont'Alto se trouve celui de la Levada do Rego, où l'on a reconnu l'existence d'un filon E.-O. avec une inclinaison de 40° environ vers le Nord.

Gisement d'Abelheira. — A 3 kilomètres au nord de la concession de la Levada se trouve celle d'Abelheira, où l'on a reconnu un filon ayant une direction N.-E. (heure III) et une inclinaison indéterminée.

Gisement de Medas. — La concession Medas est limitrophe à l'est de celle d'Abelheira. On y a reconnu un filon N. 30° E. (heure II) presque vertical. Les schistes encaissants ont une direction moyenne N. 10° O. et une inclinaison de 60 à 70° vers l'Est.

Gisement de Moinho da Egreja. — Dans cette concession, à 4 kilomètres à l'ouest de la précédente, on a reconnu trois filons dont la direction varie de N. 30° E. (heure II à heure III) et dont l'inclinaison varie de 70 à 80° E.

Les terrains encaissants ont la même allure et la gangue de remplissage est la même que celle des filons précédemment décrits. Le minerai est de la Stibine.

Gisement de Lameirao. — A 2 kilomètres au S.-O. du gisement do Moinho da Egreja se trouve celui de Lameirao où il existe également trois filons reconnus, deux d'entre eux ont une direction N. 10° E. Leur inclinaison tend vers l'Ouest, mais ils sont généralement verticaux. Les schistes argileux micacés ont une direction sensiblement N. 10° O. avec une inclinaison de 70 à 75° Est.

Gisements de Logar do Mo, Monte das Lampas. — Ces deux concessions se trouvent au N.-E. et dans la continuation de celle de Lameirao.

Dans la première, on a reconnu un gisement interstratifié dans les schistes argilo-talqueux et siliceux, ayant une direction N. 25° E. et une inclinaison vers l'Est.

Dans la deuxième, on a rencontré un filon avec une direction N. 40° E. et une inclinaison de 80° environ vers le Sud.

Gisement de Visinhança. — Toujours dans la même direction N.-E. et à 4 ou 5 kilomètres du gisement de Monte das Lampas, on trouve celui de Visinhança.

Le filon reconnu a un remplissage identique à celui des filons précédents, une direction N. 20° E. et est vertical. Le minerai est du sulfure d'Antimoine.

Les roches encaissantes sont orientées sensiblement N.-S. et ont une inclinaison de 75° environ vers l'Ouest.

Gisements de Pyramide de Santa Justa, Valle do Inferno, Fojo das Pombas. — Ces trois concessions forment un groupe qui occupe le sommet de la montagne da Santa Justa et son versant oriental.

Cette montagne de Santa Justa est remarquable par la quantité d'anciens travaux, attribués aux Romains, dont elle est criblée.

En déblayant ces anciens travaux, on a reconnu un filon avec une direction N. 60 à 65° O. (heure VII) et une inclinaison de 75° au N.-E., les schistes encaissants ayant une direction de N. 15 à 20° O. et une inclinaison de 45° vers l'ouest.

Ce filon a été complètement exploité par les anciens sur une hauteur supérieure à 100 mètres.

Deux autres petites veines ont été reconnues dans cette région, avec une direction E. 20° N. et une inclinaison au N.-N.-O..

La montagne de Santa Justa est couronnée par des quartzites siluriens dans lesquels existent plusieurs excavations irrégulièrement allongées et ayant la même orientation que celle du filon précédent. Est-ce l'Antimoine? Est-ce l'Or qu'on a recherché dans ces travaux?

Gisement de Vallongo. — Autour de la petite ville de ce nom, au nord-ouest de la montagne de Santa Justa, se trouvent les mines de Valle de Achas et de Ribeiro da Egreja dans les schistes siluriens séparés sans doute des schistes cambriens par les bancs de quartzites de la montagne de Santa Justa.

Dans la mine de Valle de Achas, on a reconnu un filon dont la direction est N. 30° E.

Dans la mine de Ribeiro da Egreja, il en existe deux, l'un avec une direction E. 35° N., l'autre avec une direction Est-Ouest.

L'inclinaison de ces trois filons est irrégulière, mais elle est généralement Nord.

Leur gangue est quartzeuse et leur minéralisation très irrégulière. Les schistes encaissants ont une direction N. 10° O. et des inclinaisons très variables.

Indépendamment des gîtes dont je viens de faire la description rapide, il en existe un grand nombre, dans la même région, de moindre importance, les concessions minières ayant pour objet l'exploitation de l'Antimoine dépassant le chiffre de 70.

Il existe aussi dans cette région des gisements plombeux autres que ceux de Gondarem déjà cités; les principaux sont :

Gisement de Ribeira da Estivada. — Sur la rive droite du Douro, à 4 ou 5 kilomètres nord-ouest de Gondarem et à peu près à 3 kilomètres à l'est de Melres, se trouve le gisement de Ribeiro da Estivada constitué par un filon ayant une direction E. 30° N. et un pendage presque vertical; les terrains encaissants, comme ceux de Gondarem, sont des schistes micacés, argilo-quartzeux, ayant une direction N. 35° O. et une inclinaison moyenne de 55 à 60° Est.

Ce filon, d'une puissance qui ne dépasse pas 0^{m}50, est bien caractérisé et sa métallisation continue et régulière. La gangue est quartzeuse.

Les travaux ont atteint une profondeur de 80 à 90 mètres et une extension en direction d'environ 200 mètres.

A 2 ou 3 kilomètres à l'est de ce gisement se trouvent encore deux autres mines de galène sur lesquelles je n'ai pas de renseignements.

A 4 ou 5 kilomètres au nord de Melres se trouvent également plusieurs gisements de galène avec un certain nombres de filons (4).

Gisement de Valle Grande. — Dans ce gisement, situé à 6 kilomètres au S.-E.-E. de Vallongo et à proximité du chemin de fer du Douro, on a reconnu un filon de galène dont la direction se rapproche de la ligne nord-est (heure 3) et dont l'inclinaison est d'environ 65° à l'Est, les schistes siluriens encaissants ayant une direction N. 30° O. et une inclinaison de 80° vers l'Ouest.

Dans la région, on connaît encore, jusqu'à présent, deux ou trois autres gisements de galène sans importance.

En résumé, cette région de la vallée du Douro abonde en gisements antimonieux aurifères.

L'orientation des pentes métallisées antimonieuses est des plus variables.

Toutes les heures du cadran s'y trouvent représentées ou à peu de chose près, l'orientation la plus commune étant cependant la direction Est-Ouest (heure 6), c'est-à-dire étant la même que la direction générale des filons de la même région ou des filons plombeux et plombo-cuivreux de Talhadas ou du Caima.

Il faut remarquer aussi que la plupart des filons se rapprochant de la direction heure (3) renferment de la Galène en même temps que de la Stibine.

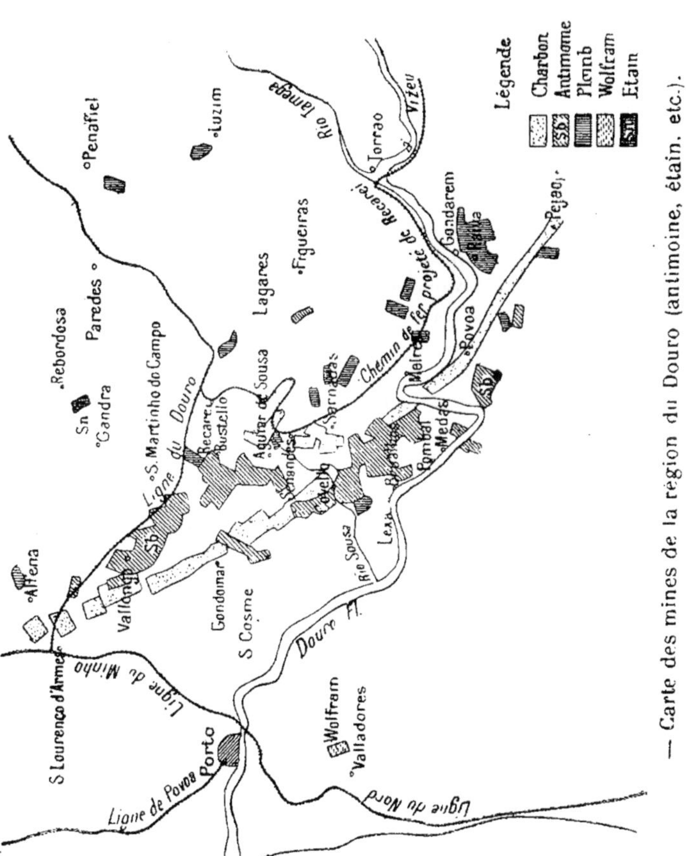

— Carte des mines de la région du Douro (antimoine, étain, etc.).

Production mondiale des minerais d'Antimoine.

	1900	1907	1908	1909	1910
	—	—	—	—	—
Portugal.......	38	380	76	212	376
France.........	7.963	25.200	26.190	28.160	35.140
Italie..........	7.609	7.900	2.800	2.100	2.000
Hongrie	2.373	2.597	1.600	969	313
Autriche......	201	910	190	450	560
États-Unis	300	190	366	100	96
Bolivie	1.174	571	»	»	»
Espagne	301	205	124	120	209

Comme on le voit, la production portugaise s'est considérablement accrue en dix années. Aujourd'hui, grâce à l'apport de capitaux étrangers, cette production pourra tenir un rang respectable dans le tableau des nations.

Usages de l'Antimoine.

On doit considérer l'emploi de l'Antimoine sous deux formes :

1° Sous forme d'alliage ;

2° Sous forme de base de certains produits chimiques et pharmaceutiques.

Alliages. — La propriété principale de l'Antimoine est d'augmenter la dureté des métaux auxquels on l'associe.

Les deux principaux usages sont la fabrication des caractères d'imprimerie et de Plomb antimonieux. En effet, allié au Plomb, l'Antimoine rend celui-ci susceptible d'être laminé en feuilles minces. La condition essentielle est qu'il n'y ait aucune trace d'arsenic.

On peut citer encore :

Les coussinets de machines ;
le tréfilage du fer ;
la robinetterie ;
les piles et l'éclairage électriques ;
les plaques d'accumulateurs ;
la bijouterie vulgaire ;

le métal antifriction ;
le métal anglais ;
le bronze d'Antimoine.

Produits chimiques. — Pour bronzer le Cuivre et les armes afin de les préserver de l'oxydation, on emploie, sous le nom de beurre d'Antimoine, l'anhydride antimonieux Sb^2O^3.

Depuis la campagne menée contre le blanc de céruse, l'oxyde d'Antimoine a pris une place importante dans la peinture.

Il sert aussi en céramique comme substitut de l'oxyde d'Étain.

Le vermillon d'Antimoine qu'on emploie dans la fabrication des papiers peints n'est autre que l'oxysulfure d'Antimoine SbS^2O.

C'est une couleur qui couvre bien, se mêle parfaitement à la céruse et a l'avantage d'être inaltérable à l'air, à la lumière, aux émanations sulfureuses.

Vers 1909, on a organisé à Brioude un nouveau procédé de traitement des minerais d'Antimoine qui consiste à volatiliser l'Antimoine en fondant le minerai avec du coke dans un four à cuve, recueillant les fumées d'oxyde et obtenant une scorie où se concentrent les métaux associés.

La méthode a le double avantage de s'appliquer à tous les genres de minerais et de donner un produit de qualité supérieure. Une mine pouvant fournir 1.000 tonnes de Régule par an ne coûte pas plus de 200.000 francs.

La perte ne dépasse pas 7 à 10 %.

Ensuite, par addition de carbonate de Baryum ou de carbonate de Calcium dans la liqueur chaude contenant l'oxyde d'Antimoine en dissolution, on obtient une excellente matière colorante vendue à peu près le même prix que l'oxyde d'Antimoine.

La même méthode permet d'obtenir le jaune d'Antimoine et les autres matières colorantes antimonieuses.

L'Antimoine métal lui-même, en poudre très fine, comme celle qu'on obtient par précipitation d'un de ses sels par le Zinc ou par le Fer, est connu dans l'industrie sous le nom de noir de fer; il sert à bronzer les métaux et à donner aux statuettes de plâtre l'aspect métallique.

En dépôts galvaniques l'Antimoine est également employé.

La poudre éclair, utilisée en photographie, est une association d'Antimoine et de Magnésium.

La pyrotechnie emploie fréquemment l'Antimoine.

Le jaune de Naples est un Antimoine basique de Plomb préparé en fondant une partie d'Antimoine avec une partie de Plomb, trois de salpêtre, six de sel marin, pulvérisant le produit et lavant à l'eau chaude.

Pharmacie. — En médecine, on emploie le *Kermès* (mélange de sulfure d'Antimoine et de pyroantimoniate de Sodium), le sulfoantimoniate, l'Émétique, le trichlorure ($SbCl^3$) ou beurre d'Antimoine, la poudre d'Algaroth (SbO^2Cl), l'antimoniate de Quinine.

On désigne, d'une façon générale, tous ces remèdes sous le nom d'antimoniaux.

CHAPITRE III

ARSENIC

III

ARSENIC

As = 74,96

L'Arsenic est très répandu dans la nature. On en trouve des traces dans la plupart des terrains et des roches. Il passe de là dans les végétaux, puis dans les animaux, où il est probablement lié à quelques matières spécifiques de la nature des nucléones et des ferments.

Son rôle dans l'activité organique peut être comparé, en petit, à celui du Phosphore. Pour la même raison, on en constate l'existence dans beaucoup d'eaux minérales et dans la mer. Sa diffusion dans les pyrites entraîne sa présence dans une foule de produits fabriqués, pour la préparation desquels est intervenu, à un moment quelconque, l'acide sulfurique.

Minerais d'Arsenic.

Le Réalgar As^2S^2 à 70 °/₀ d'Arsenic se trouve en beaux cristaux monocliniques, rouges, translucides, dans des veines métallifères *du Portugal,* mais surtout de Hongrie.

Dans d'autres gisements, on le rencontre en beaux petits cristaux avec la Blende et la pyrite dans la Solomie.

Il se change très facilement en Orpiment jaune quand il est exposé à l'action de la lumière.

L'Orpiment à 61 °/₀ d'Arsenic As^2S^3 ne se trouve pas souvent cristallisé. On peut extraire de petits cristaux de l'argile de Tajowa;

ils possèdent le même clivage et les mêmes plans de glissement que la Stibine, mais les angles sont très différents.

Parmi **les arséniures,** on peut citer :

La Nickéline NiAs, arséniure de Nickel Ni = 43,9; As = 56,1. Hexagonale.

$$a : c = 1 : 0,819.$$

Cassante, fracture irrégulière. D = 5 1/2; G = 7,5.
Rouge de cuivre. Trait noir brunâtre. Lustre métallique. Opaque.
Fusible.
Décomposée par l'acide nitrique.

La Smaltine Co As^2, arséniure de Cobalt Co = 28,2; As = 71,8.
Cristallise dans le système cubique.
Symétrie centrale tessérale. Forme commune, cubo-octaèdre.
Clivage (111) imparfait.
Cassante. Fracture inégale. D = 5 1/2; G = 6,2.
Blanc d'étain, légèrement colorée en gris acier. Trait noir gris.
Lustre métallique.
Opaque.
Facilement fusible en un globule métallique.
Décomposée par l'acide nitrique.

La Cobaltine, arséniosulfure de Cobalt Co AsS. Co = 35,5; As = 45,2; S = 19,3.
Cristallise dans le système cubique; symétrie centrale tessérale.
Forme commune, pyritoèdre avec cube.
Clivage (100) bon.
Cassante, fracture inégale. D = 5 1/2; G = 6,2.
Blanc d'argent, légèrement rougeâtre, opaque.
Fusible en un globule magnétique.
Décomposée par l'acide nitrique.

Le Mispickel TeAsS, arséniosulfure de fer Fe = 34,3; As = 46,0; S = 19,7.

Cristallise dans le système orthorrhombique, holosymétrique.

$$a : b : c = 0{,}677 : 1 : 1{,}188$$
$$m = (110),\ e = (014),\ l = (011)$$
$$mm = (110) : (1\bar{1}0) = 68°13',\ ll = (011) : (0\bar{1}1) = 99°51'$$

Maclé sur (101). Clivage (110) bon.
Cassant. Fracture inégale. D = 5 1/2; G = 6,0.
Blanc d'argent. Trait noir grisâtre.
Lustre métallique.
Opaque.
Fusible en un globule magnétique.
Décomposé par l'acide nitrique.
Un grand nombre d'autres minerais :

La Leucopyrite Fe^2As^2.

La Termantite (cuivre gris) 4 ($Cu\ AsS^2$) + 5 Cu^2S.

L'Enargite Cu^3AsS^4.

La Proustite ou argent rouge arsenical Ag^3AsS^3.

La Dufrénoysite $Pb^2As^2S^5$.

On trouve, en outre, comme **produits d'altération :**

L'Arsenic natif très rare.

L'Arsénolite As^2O^3.

Et *des arséniates de Plomb, Zinc, Cuivre,* etc...

Gisements portugais des minerais d'Arsenic.

L'Arsenic est très répandu un peu partout *au Portugal.*
On peut envisager les types de gisements suivants :

1° Filons-couches de Mispickel, parfois aurifère, cuprifère ou nickélifère, dans les schistes archéens ;

2° Mispickel associé à la cassitérite ou au Wolfram dans des filons proprement dits et exploité comme sous-produit ;

3° Sulfoarséniures complexes de Nickel, Cobalt, Cuivre, Plomb, Argent, etc... ;

4° Réalgar et Orpiment (parfois produits par l'altération du Mispickel).

Pour l'instant, on n'exploite l'arsenic *au Portugal* que dans les gisements de Mispickel de *Pintor,* près *Nogueira do Cravo (Aveiro).*

Usages de l'Arsenic.

On emploie de plus en plus les composés arsenicaux (orpin, arséniates de plomb, de sodium, etc.) comme insecticides pour préserver les arbres fruitiers, les vignobles, les plantations de caoutchouc.

Plus généralement, l'Arsenic, déjà connu des alchimistes grecs, est utilisé, sous quatre formes principales, comme produit vénéneux, matières colorante ou mordante : 1° Arsenic métallique; 2° anhydride arsénieux; 3° anydride arsénique; 4° composés arsenicaux (couleurs, insecticides et médicaments).

1° L'Arsenic, réduit en poudre, constitue le produit connu dans le commerce sous le nom de poudre aux mouches qui, en présence de l'eau, s'oxyde superficiellement et donne de l'acide arsénieux. Il entre dans la composition de quelques verres étrangers et de certains alliages, tels que le tain des miroirs de télescope ou le plomb de chasse, auquel l'arsenic permet de se séparer plus facilement en grains dans la coulée, etc.

2° L'anydride arsénieux, qui est adopté dans les verreries pour obtenir certaines apparences porcelaniques, sert pour la fabrication du vert de Scheele (arsénite de cuivre), du vert de Schweinfurt, du Réalgar, pour le mordançage des indiennes. On l'emploie pour chauler les blés, pour empoisonner les rats, etc. Il entre dans le savon de Bacœur, au moyen duquel les naturalistes conservent les animaux empaillés.

3° L'anhydride arsénique est utilisé en assez grande quantité dans l'impression des toiles peintes pour faire des enlevages et surtout pour la fabrication du rouge d'aniline. A faible dose, il est employé en remède contre l'asthme; à plus haute dose, il devient un poison violent.

4° Toute une série de produits arsenicaux ont été employés pour la fabrication des couleurs jaunes et vertes : l'Orpiment ou or jaune; le Réalgar ou sulfure rouge; l'arséniate de cuivre (vert Mitis, vert de Scheele, vert Véronèse, etc.). Ces couleurs ont l'inconvénient d'être vénéneuses et les verts d'Arsenic ont été défendus dans l'industrie des papiers peints en divers pays (Prusse, Suède, etc.). Cependant, les arséniates de Cuivre, de Plomb et de Sodium sont encore l'objet d'une consommation importante (peinture, marines, etc., etc.).

Le Réalgar est également employé en pyrotechnie et pour la peinture. L'arséniate de Sodium monosodique sert dans l'impression des tissus et comme insecticide.

Enfin la pharmacie emploie un nombre considérable de produits arsenicaux (cacodylates, etc.) correspondant, soit au rôle important que ce corps paraît jouer dans l'activité organique, soit à ses propriétés antimicrobiennes.

La liqueur de Fowler a pour base l'arsénite de Potassium.

L'acide arsénique fournit également l'arséniate de Sodium (liqueur de Paerson), l'arséniate de Quinine, celui d'Ammoniaque, etc.

Par contre, dans une foule de cas, l'Arsenic est considéré comme une gêne et non comme un produit utile. C'est ainsi que sa présence dans les pyrites diminue fortement la valeur du Soufre contenu.

CHAPITRE IV

ÉTAIN

IV

ETAIN

Sn = 119,0

Minerais d'Étain.

Cassitérite : SnO^2. C'est le seul minerai d'étain pratiquement exploitable.

Ce minerai cristallise dans le système tétragonal-holosymétrique.

$$a : c = 1 : 0,672$$

$$s =)111(,\ A =)100(,\ m =)110(,\ e =)101(,\ h =)210(,\ z =)321($$

$$ss = (111) : (1\overline{1}\overline{1}) = 58°19',\ ms = (110) : (111) = 46°27'$$

Maclée sur (101). Clivage)110(imparfait. Cassante. Fracture subconchoïdale.

D = 6 1/2. G = 7,0. Brune, trait gris. Lustre adamantin, translucide;

ω = 1,997. Biréfringence positive, forte.

$\varepsilon - \omega$ = 0,097.

Infusible.

Insoluble dans les acides.

Les bons cristaux sont comparativement rares.

Les cristaux simples ne sont pas habituels; quand on les rencontre, ils peuvent être en prismes carrés trapus, terminés par les faces *s*, *e*, ou en prismes minces, terminés par des faces de pyramides aiguës.

En raison de sa dureté, de sa densité et de sa résistance aux dissolvants, la cassitérite est l'un de ces minéraux qui, non seulement sont concentrés par l'action de l'eau courante, mais qui restent inaltérés dans les dépôts d'alluvion sous forme de galets ou de sable.

Gisements portugais d'Étain.

Le plus généralement, les inclusions stannifères sont disséminées dans le granite.

Celui-ci, dans ce cas, a toujours tendance à l'exagération des minéraux individualisés, feldspath, Quartz et Mica blanc.

Il est très rare de rencontrer le type des grandes cassures à remplissage hydrothermal.

On doit considérer les gisements suivants :

1° Les inclusions dans le granite;

2° Les pegmatites stannifères;

3° Les gîtes de contact;

4° Les stockwerks de filons quartzeux;

5° Les filons proprement dits;

6° Les éluvions;

7° Les alluvions.

Exploitation des gisements portugais.

A l'ouest de *Zamora,* dans la *province de Traz-os-Montes,* on a découvert des filons relativement réguliers, à Étain, encaissés dans la granulite et pénétrant peu dans les micaschistes.

L'exploitation a débuté par des affleurements superbes, à blocs de Cassitérite massive, puis est tombée sur une série de veines, parallèles, mais minces et pauvres, avec un pendage de 30 à 45°.

Dans la contrée d'*Ervedosa*, les gisements situés entre Bragana et Mirandella se trouvent à la limite du granite et des micaschistes.

On y rencontre un filon qui s'épanouit dans un mélange de Quartz, Cassitérite, Wolfram et Chalcopyrite.

A l'ouest de *Penabiel,* les gisements sont pauvres en Étain. Le métal y est associé à l'Antimoine.

La zone de *Guarda* à *Sabugal* (*Beira-Beixas*) présente de la Cassitérite, du Mispickel, du Wolfram et de l'Uranite.

Les gisements de la province de Traz-os-Montes sont intéressants par leur allure.

Des massifs de granulite ont exercé dans cette région un métamorphisme prononcé sur des gneiss et schistes siluriens.

Sur la périphérie de ces massifs de granulite, on voit s'en détacher des veines granulitiques qui s'injectent dans les chistes en les recoupant plus ou moins.

Production mondiale de l'Étain.

	1900	1902	1904	1906	1907	1909	1910
	—	—	—	—	—	—	—
Portugal...	100	196	103	409	400	332	700
Bolivie.....	7.000	10.000	13.000	16.700	16.600	17.200	18.500
Australie ..	3.300	3.300	4.900	6.000	6.700	6.000	5.000
Cornwall...	4.400	4.500	4.200	4.600	4.800	5.100	5.900
Détroits ...	67.400	73.700	76.400	70.800	70.200	77.700	72.110

Usages de l'Étain.

Le peu d'altérabilité de l'Étain au contact de l'air et des acides fait que l'Étain est très employé.

On en fabrique, ou tout au moins on en enduit beaucoup de récipients de matières alimentaires. On l'emploie en feuilles minces pour envelopper le thé ou le chocolat.

On s'en sert surtout pour étamer l'intérieur des instruments de cuisine en cuivre ou en fer.

Le fer-blanc n'est autre chose que de la tôle de fer, à la surface de laquelle on forme un alliage stannifère superficiel, recouvert lui-même d'Étain pur.

Attaqué par un acide, il donne les moirés qui ont été, vers 1820, l'objet d'une industrie assez considérable aujourd'hui disparue.

L'application à l'étamage des glaces a également cessé.

Un grand nombre d'alliages d'Étain ont des applications :

Le bronze d'abord (Cuivre et Étain) pour cloches, statues, monnaies, etc.

Le laiton (Cuivre et Zinc) avec un peu de plomb et d'étain, pour les épingles.

Des alliages divers :

	Plomb.	Étain.
	—	—
Soudure des plombiers.............	66	33
» ferblantiers...........	50	50
Alliage pour vaisselle et robinets.....	8	92
» flambeaux	20	80

Citons encore : l'alliage des caractères d'imprimerie (20 d'Antimoine pour 80 de Plomb) auquel *on ajoute 8 à 10 °/₀ d'Étain,* pour lui donner de la ténacité en même temps qu'un grain plus fin ;

L'amalgame d'Étain qui, pendant longtemps, avant la découverte des procédés actuels d'argenture, a servi à étamer les glaces, etc.

Quelques-uns des composés de l'étain ont également des emplois :

L'oxyde d'Étain calciné est utilisé pour donner de l'opalescence aux verres.

Il entre dans la composition des émaux et du vernis de faïence.

La potée d'Étain, dont on se sert pour polir les objets fabriqués avec des corps durs, se prépare, en général, en calcinant à l'air un alliage d'Étain et de Plomb.

L'Or mussif (sulfure stannique) sert à bronzer le bois, le plâtre, etc., etc.

L'Étain entre dans quelques matières colorantes :

Le Pinckcolom, stannate de chrome et de chaux de couleur rose employé dans la peinture sur faïence pour avoir, à la cuisson, un ton rouge sang.

La laque minérale, d'un beau lilas, obtenue en calcinant un mélange intime de cent parties d'acide tannique et deux parties de sesquioxyde de Chrome (papiers peints, faïence).

Le pourpre de Cassius résultant de la réduction d'un sel d'Or par le bichlorure d'Étain, utilisé pour la coloration du verre ou de la porcelaine, etc.

Le protochlorure d'Étain sert à la fabrication des toiles peintes, pour enlever au lavage, après les avoir rendus solubles par réduction, des sesquioxydes de Fer ou de Manganèse.

CHAPITRE V

URANIUM

V

URANIUM

U = 238,5

Minerais de l'Uranium.

A la façon de l'Étain, l'Uranium a subi sous forme oxydée un commencement de départ filonien.

On le trouve soit en inclusions dans les magmas granitiques, soit dans les filons de type stannifère directement dérivés de ces roches.

Pechblende ou *Pechurane :* U^3O^8. C'est le minerai le plus important d'Uranium. On le regarde comme l'oxyde vert d'Uranium U^3O^8. En réalité, c'est une substance complexe, dans laquelle on trouve, à côté de l'Uranium, de l'Arsenic, du Soufre, du Molybdène, du Vanadium, du Tungstene, du Fer, du Manganèse, de l'Aluminium, du Cobalt, du Nickel, du Cuivre, du Bismuth, du Plomb, de l'Argent, du Magnésium et du Calcium.

Clévéite, variété de Pechblende riche en terres rares.

Chalcolite ou *Tobernite* $(UO^2)^2\ Cu\ (PO^4)^2 + 8H^2O$. Phosphate double d'Uranium et de Cuivre. Ce minerai appartient au système quadratique.

$$b : h = 1000 : 2076,13\ D = 707,107$$
$$(a : c = 2,0361).$$

Les cristaux de Chalcolite se présentent sous forme de petites lames quadratiques, aplaties suivant la base. Ce minéral constitue aussi des agrégats de lames très minces, fréquemment gondolées et dépourvues de contours géométriques.

Dureté : 2 à 2,5.

Densité : 3,4 à 3,6.

La couleur est vert émeraude.

La Chalcolite est un minéral des granites (granulites) et surtout des gisements stannifères.

Autunite ou *uranite* $(UO^2)^2 Ca (PO^4)^2 + 8H^2O$. Phosphate double d'uranium et de calcium. Cristallise dans le système orthorhombique.

$$mm = 90°43' \text{ (Dx)}$$

$$b : h = 1000 : 1014,561 \quad D = 711,539 \quad d = 702,646$$

$$(a : b : c = 0,9875 : 1 : 1,4259)$$

L'Autunite se présente rarement en cristaux mesurables. Le plus souvent, elle forme des lames, des masses écailleuses, micacées, parfois groupées en éventail.

Dureté : 2 à 2,5.

Densité : 3,05 à 3,9.

La couleur de l'Autunite est jaune citron avec souvent par places une teinte verdâtre ou vert vif, un peu fluorescente.

L'Autunite est un minéral secondaire des pegmatites et des aplites; elle se trouve généralement sous forme de paillettes disséminées dans la roche, tapissant ses fentes ou celles des roches voisines. Elle est, en général, de formation récente produite par la décomposition de minéraux uranifères primordiaux, dont les traces ne se voient généralement pas aux affleurements.

Gisements portugais d'Uranium.

Les communes de Sabugal, Belmonte et Guarda, dans le district de Guarda, les communes de Vizeu et d'Aguiar da Beira, dans le district de Vizeu, sont occupées par un grand massif de granite, gneiss et terrains primaires riches en Urane.

Entre Guarda et Sabugal (Beira), on exploite des dépôts d'Uranite.

L'Uranite s'y trouve unie à un granite qui contient d'énormes cristaux de feldspath rosé, un peu de Quartz et de Mica.

Le granite d'enchâssement est composé de petits pains.

Ces gisements ne présentent pas à la surface une grande humidité d'imprégnation.

A Pontao da Rapoula, l'Uranite, accompagnée de Chalcolite et d'Urano-Circite, se trouve dans des filons irréguliers de pegmatite que recoupent tantôt le granite, tantôt les schistes cambriens.

Un de ces filons a pu être suivi sur plusieurs kilomètres.

Ces minerais forment des enduits minces, qui tapissent les fissures de la pegmatite et parfois aussi celles des roches encaissantes, et dont l'origine est manifestement due à la remise en mouvement de quelque minerai plus profond, par les eaux superficielles, avec réaction possible sur l'apatite des roches.

La teneur du minerai brut est faible, mais la couleur jaune clair de l'Uranite facilite le triage au jour. La présence du Radium valorise ce minerai.

A Aguiar da Beira (Vale Covo), l'Uranite donne bien l'aspect d'un enduit laissé par les eaux.

L'Urane s'y trouve à la surface, sur une fente de quelques centimètres. L'eau qui jaillit de cette fente laisse déposer sur le granite une mince couche d'Uranite. Ce qui démontre que les dépôts d'Urane sont en relation avec les sources radioactives.

Dans le Sabugal, on rencontre aussi des sources près les gisements d'Urane.

Dans d'autres régions, le point caractéristique est le granite humide et décomposé dans le voisinage des sources. Ce granite contient presque toujours des cristaux de feldspath rosé et sa surface est tachée par des oxydes de fer.

C'est le passage des eaux radioactives qui provoque le dépôt d'Urane. A Vizeu, dans la mine de Vale de Salgueiro, le dépôt forme une poche, d'où l'eau s'écoule par des fentes. Ces fentes s'amincissent et se perdent dans l'amas granitique.

Il y a, dans cette région, un vaste champ de perspectives.

Il s'agit de savoir si l'urane se trouve disséminé en quantités insignifiantes dans l'amas de granit où il a été déposé par les eaux ou s'il provient de minerais beaucoup plus riches, tels que la Pechblende.

Des minerais riches à l'état d'oxydes noirs ont été trouvés et exploités dans la commune de Sabugal et dans le district de Vizeu.

La mine de Nellas se présente dans des conditions exceptionnelles de richesse. Il faut extraire 2.100 tonnes pour la production annuelle de 6 grammes de Radium. Or, si, comme on le prévoit, la teneur ne varie pas sur l'étendue de 5 kilomètres occupée par le gisement, cette mine sera une des importantes sources du Radium.

Les exploitations les plus importantes d'Urane sont celles de la Société l'Urane qui occupe 600 ouvriers et possède les mines de Barracao d'où l'on extrait l'oxyde d'urane.

A la gare de Barracao est installée une fabrique pour la concentration des minerais d'Urane à 8 et 10 °/₀ et pour la fabrication du Radium.

Les minerais inférieurs d'Urane sont utilisés dans l'agriculture comme engrais radioactifs fertilisateurs.

L'Urane sert aussi à la fabrication d'un acier spécial que les Allemands et les Autrichiens ont été les premiers à employer pour les canons de gros calibre.

Usages de l'Uranium.

Les principaux usages de l'Urane sont la préparation de matières colorantes.

L'azotate d'Uranium est le sel d'Urane qu'on obtient le plus facilement à l'état pur et c'est par son intermédiaire qu'on extrait l'Uranium de ses minerais. Il est d'une belle couleur jaune. Divers autres sels de sesquioxyde donnent aussi des jaunes superbes. Les uranates de Sodium et de Potassium, les oxydes divers sont très employés pour les verres colorés et pour la peinture sur porcelaine (jaune clair, jaune orange, jaune citron). Le sesquioxyde donne au verre des nuances d'or et des teintes verdâtres très fines; le protoxyde sert à colorer en noir certaines porcelaines de grand prix.

Son action radioactive, due surtout à l'association du Radium, le fait employer dans les laboratoires.

Si l'Uranium n'avait pas un prix aussi élevé, il serait encore susceptible d'autres applications. Sa grande résistance électrique le ferait utiliser en électricité. On pourrait enfin en faire, avec le Platine et le Cuivre, des alliages ayant l'aspect de l'Or et capables de résister aux acides.

En alliage avec l'acier, il ne communique pas de propriété spéciale et qui ne puisse être réalisée avec un autre métal moins coûteux.

CHAPITRE VI

TUNGSTÈNE

VI

TUNGSTÈNE

Tu ou W = 184

Minerais de Tungstène.

Scheelite : $CaWO^4$. Tungstate de Calcium.

$$CaO = 19,4$$
$$WO^3 = 80,6.$$

La Scheelite est quadratique, parahémiédrique.

$$b : h = 1000 : 1365,4 \text{ (Dx)}$$
$$D = 707,107$$
$$(a : c = 1 : 1,5338)$$

Les cristaux de Scheelite appartiennent à deux types : le premier est caractérisé par la prédominance de l'octaèdre a^1.

Dans le second type, la forme dominante est $b^{1/2}$.

Dureté : 4,5 à 5.

Densité : 5,9 à 6,1.

La Scheelite est blanche, blanc jaune, jaune de diverses nuances, brun vert, orangée.

La Scheelite est surtout un minéral des filons stannifères; on le trouve cependant dans d'autres gisements :

1° Dans les pegmatites;

2° Dans les filons wolframifères;

3° Dans les filons spéciaux;

4° Dans les filons ferrifères;

5° Dans les fentes de diverses roches.

Ferberite : $FeWO^4$. Tungstate de fer.

Cristallise dans le système monoclinique :

$$mm = 101°7$$
$$b : h = 1000 : 653{,}41.\ D. = 772{,}17.\ d = 635{,}41$$
$$\text{Angle plan de } p = 101°6'$$
$$— \quad — \quad m = 90°24'$$
$$\begin{pmatrix} a : b : c = 0{,}8229 : 1 : 0{,}8462 \\ zx = 89°22' \end{pmatrix}$$

Les paramètres ci-dessus ont été déduits de mesures faites sur des cristaux artificiels; la Ferberite naturelle constitue des agrégats trop petits pour permettre des mesures.

Dureté : 4 à 4,5.

Densité : 6,9 à 7,1.

Hübnérite : $MnWO^4$. Tungstate de Manganèse.

$$\text{Monoclinique} = mm = 79°48'$$
$$b : h = 1000 : 665{,}00\ D = 767{,}13\ d = 641{,}50$$
$$\text{Angle plan de } p = 100°12'$$
$$— \quad — \quad m = 90°34'$$
$$\begin{pmatrix} a : b : c = 0{,}83623 : 1 : 0{,}86684 \\ zx = 89°7' \end{pmatrix}$$

Brun rouge, jaune rouge, brun noir.

Les gisements de la Hübnérite sont observés :

1° Dans les filons quartzeux;

2° Dans un gisement manganifère.

Wolfram $(Fe, Mn)WO^4$. Tungstate de Fer et de Manganèse. C'est le principal minerai de tungstène.

$$\text{Monoclinique} : mm = 100°37'$$
$$b : h = 1000 : 667{,}764\ (Dx)\ D = 769{,}483.\ d = 638{,}667$$
$$\text{Angle plan de } p = 100°36'54''$$
$$— \quad — \quad m = 90°24'32''$$
$$\begin{pmatrix} a : b : c = 0{,}83000 : 1 : 0{,}86781 \\ zx = 89°21'6'' \end{pmatrix}$$

Les cristaux de Wolfram sont généralement aplatis suivant h^1 et en même temps un peu allongés suivant l'axe vertical; *dans beaucoup de gisements portugais,* cet aplatissement et cet allongement sont extrêmement marqués.

Il existe deux types : dans l'un, les faces prismatiques uniques ou dominantes sont h^1 et g^1; dans l'autre, g^1 est absent et les faces m, h^1 sont très développées.

Les faces de la zone verticale, et notamment h^1, sont très striées suivant leur arête d'intersection.

Le Wolfram forme aussi des empilements de cristaux lamelleux, groupés parfois en éventail et souvent séparés les uns des autres par un peu de quartz.

On le trouve également en masses compactes, finement grenues, très cohérentes.

Dureté : 5 à 5,5.

Densité : 7,2 à 7,5.

Gisements portugais de Wolfram.

Le Wolfram est un des satellites les plus fréquents de la Cassitérite; il se rencontre dans les mêmes gisements :

1° Dans les filons wolframifères ou stannifères;

2° Dans les pegmatites;

3° Dans les alluvions.

Au nord du Tage, on trouve de nombreux gisements de Wolfram. Ces gisements sont dépendants des éruptions de granite qui se produisent à proximité.

Suivant les localités, le minerai de Tungstène est du *Wolfram,* de la *Ferberite.*

Ainsi que je l'ai dit plus haut, le Wolfram est fréquemment accompagné de Cassitérite, avec laquelle il voisine dans les filons.

Dans les *gites portugais,* on trouve toujours de l'Arsénopyrite, de la Pyrite, du Mica et du Quartz agrégé.

Les filons sont principalement remplis par ce dernier.

Contrairement à l'étain, il n'y a pas de stockwerks pour le Wolfram, sur des filons parfaitement définis, soit dans le granit, soit dans les terrains de voisinage du granit et qui sont formés par le Quartz, brillant, laiteux, d'un brillant gras caractéristique du Quartz des formations anciennes.

Dans ces filons, on trouve toujours la Pyrite et l'Arsénopyrite; c'est à la suite d'altérations successives de ces deux minerais que les oxydes de fer formés viennent maculer la blancheur du Quartz. Parfois ces altérations se traduisent par de petits dépôts d'argiles ferrugineuses.

C'est dans le Quartz taché par les produits ferrugineux qu'on trouve la plus grande quantité de Wolfram.

En effet, les argiles ramollies, par l'humidité qui passe à travers les fentes, rendent les filons plus souples et plus faciles à travailler.

Une simple prospection ne permet pas d'évaluer la richesse d'un gisement de Wolfram. Il faut une exploitation soutenue pour connaître, au fur et à mesure, la valeur d'un gisement.

Dans les granites, le Wolfram n'est pas disséminé comme la Cassitérite (Rebordoza, environs de Porto, Sabugal, Belmonte).

Il est uniquement lié au Quartz, formant des petites lentilles très compactes.

Au premier abord, le Wolfram semble disséminé dans les éléments de la roche, mais en examinant ceux-ci attentivement, on constate qu'il en est séparé et forme de petites concrétions avec le Quartz (Sabroza do Douro).

La Cassitérite, au contraire, est liée à l'Orthoclase et au Quartz des pegmatites comme faisant partie intégrante de la roche.

Dans certains granites, surtout dans le voisinage des schistes, le Quartz se ramasse en blocs très blancs, de grande dureté, avec une large constellation de Wolfram (mine de Borralha) (mine de Matto do Rainha) (mine de Teixoso, près de Covilhâ).

Aux contacts des granites et des schistes du terrain archéen (Boralha) et du cambrien (Panasqueira) et dans toute la Beira Baixa, on trouve des filons de Wolfram, passant souvent du granite aux schistes, traversant le contact sans solution de continuité, diminuant et disparaissant aussi bien d'un côté que de l'autre du contact.

Par suite de la décomposition facile de ces filons, on trouve fréquemment le Wolfram à la surface du terrain.

La continuité des filons est plus parfaite dans les schistes.

Le remplissage prédominant est le Quartz.

Dans les mines de Panasqueira, on rencontre la Pyrite et l'Arsénopyrite en telle quantité, qu'on en extrait l'arsenic dans les fonderies de la mine de Pintor.

Dans les régions des mines de Borralha et de Beira Alta, les roches d'encaissement sont des schistes luisants de l'archéen ; dans la région de Beira Baixa, la roche encaissante est constituée par des schistes de cambrien.

Ces schistes, disposés en couches qui alternent avec les grauwackes, forment un terrain très siliceux et très dur pour l'exploitation.

Les filons de la mine de Borralha sont très réguliers en épaisseur et en continuité. Ceux de Panasqueira sont plutôt irréguliers dans leur marche; ils se rétrécissent, puis disparaissent, formant de nombreuses failles, reparaissent, produisant des affleurements de petite ampleur.

Les filons sont presque horizontaux et s'inclinent vers l'intérieur de la montagne. La galerie formée par les filons déjà abattus sert de sortie aux produits des filons supérieurs.

La production s'est fortement accrue au Portugal depuis 1906.

La mine de Borralha est arrivée, en 1910, à 384 tonnes de Wolfram. Elle exploite 5 ou 6 filons E.-W. de 0^m50 à 0^m70 de large avec Quartz et Wolfram au contact du Granite et des Micaschistes.

La teneur a rapidement baissé avec la profondeur, *comme dans la plupart des mines portugaises*, depuis 3 °/₀ jusqu'à 0,8 °/₀ à la profondeur actuelle de 75 mètres.

La mine de Panasqueira, au S.-W. de Guarda, a produit environ 300 tonnes de minerais en 1908, 209 en 1910. On a là de nombreux filons de 0^m10 à 0^m60 dans les schistes cambriens encaissant le granite. Ces filons comprennent du quartz laiteux avec Wolfram, Cassitérite, Pyrite et Mispickel.

D'autres mines de moindre importance commencent à entrer en exploitation ; on cite : les mines de Cabeço de Piao, Braga (Rivaes), Laborim (Villa nova de Velha), Pinhel (Guarda).

Usages du Tungstène.

Après être resté longtemps sans emploi, le Tungstène est aujourd'hui de plus en plus utilisé sous la forme de Ferro-Tungstène dans la fabrication de l'acier dont, à doses très faibles, il augmente sensiblement la ténacité et la dureté. Les premiers essais, faits dès 1860 par R. Mushet, repris en 1868 par Caron, ont surtout donné lieu à des applications rapidement croissantes dans ces dernières années.

Aujourd'hui, la plus grande partie du Ferro-Tungstène sert à préparer des aciers extra-durs, à résistance mécanique très élevée, pour le travail des métaux et des autres aciers, ou encore des aciers à ressorts et des aciers à aimants. En même temps qu'il durcit l'acier, le Tungstène lui communique une texture à grain très fin, qui devient serrée et comme soyeuse par la trempe. Le Tungstène abaisse, comme le Carbone, le point de fusion de l'acier. Il y a seulement lieu de faire attention à la teneur en Carbone. Au choc, les aciers bruts, tenant de 0 à 10 % de Tungstène avec 0,2 % de Carbone, ne sont nullement fragiles, mais ils le deviennent quand la proportion de Carbone arrive à 0,85 %. Cet exemple montre l'importance de la teneur en Carbone dans les Ferro-Tungstènes utilisés. Cependant, il n'est pas toujours nécessaire d'avoir un alliage rigoureusement exempt de Carbone.

Les aciers-outils au Tungstène sont destinés à travailler les aciers de plus en plus durs que demande l'industrie. On emploie souvent un acier à 2,50 % de Tungstène et 0,95 de Carbone. Mais les qualités sont encore meilleures en ajoutant au Tungstène du Chrome ou du Molybdène, ce qui permet d'obtenir des aciers rapides, remarquables par leur vitesse de coupe. On additionne encore de Silicium et de Manganèse pour obtenir les aciers à ressorts.

La composition d'un acier à ressorts sera, par exemple, 0,60 % de Tungstène, 0,45 de Carbone, 0,30 de Silicium et 0,22 de Manganèse. Trempé et convenablement recuit, un tel acier acquiert une résistance à la rupture de 130 kilos, une limite élastique de 100 kilos et un allongement de 7 %.

Un bon type d'acier à aimants permanents tient 6,22 de Tungstène, 6,29 de Manganèse et 0,42 de Carbone.

Pour les applications métallurgiques du Tungstène, l'industrie trouve dans le commerce, ou du Tungstène métallique en poudre, ou du Ferro-Tungstène à teneur de 70 à 85 %.

La fabrication du Tungstène métallique en poudre à 96-98 % est surtout entre les mains de quelques fabricants allemands, tels que l'usine Biermann, en Hanovre, qui possèdent des mines en divers pays étrangers. En Angleterre, la « Tungsten and Rare Metals C° » fournit un métal à 97 % de Tungstène. Le Ferro-Tungstène est couramment fabriqué en France, au four électrique, en trois qualités principales, à 85, 80, 72 %.

La fonte de Tungstène, ou Tungstène fortement carburé, se forme aisément quand on réduit l'anhydride tungstique par le Carbone au four électrique. La réduction directe du Wolfram donne, dans les mêmes conditions, un Ferro-Tungstène à 75 % de Tungstène et 3,5 à 5 % de Carbone. On peut même obtenir un produit à 85 % de Tungstène et 0,50 de Carbone, utilisable pour la fabrication des aciers au creuset à très haute teneur en Tungstène.

Accessoirement, le Tungstène a quelques autres petites applications, telles que les lampes électriques à filaments de Tungstène, remplaçant l'Osmium, le Molybdène, le Tantale, le Vanadium, etc., avec meilleur rendement lumineux pour même dépense d'énergie électrique.

Dans ce dernier cas, on fait, par exemple, le filament avec une pâte de métal en poudre et de gomme arabique, que l'on soumet à diverses opérations pour détruire le Carbone. Ou bien l'on dépose du Tungstène sur un filament de Carbone qu'on élimine ensuite, ou encore on recouvre de Tungstène un fil de Tantale, etc. Il est facile de concevoir combien cette application serait restreinte, même si elle se développait. On calcule, en effet, qu'une tonne de Wolfram à 70 % peut fournir 18 millions de lampes.

Divers alliages de Tungstène avec le Cuivre, le Manganèse, le Chrome, le Plomb, etc., ont, en outre, des propriétés remarquables de ténacité et de solidité, mais sont peu employés à cause de leur prix.

CHAPITRE VII

FER

VII

FER

$Fe = 55,85$

Minerais de fer.

La teneur moyenne en Fer de l'écorce terrestre est de 5 °/₀. Le Fer existe donc partout.

Mais pour qu'une substance soit un minerai de Fer, c'est-à-dire soit exploitable pour en retirer le métal, il est nécessaire que cette substance ait une teneur convenable en fer, ne soit pas entachée d'impuretés coûteuses ou difficiles à éliminer.

Les principaux minerais sont :

La Magnétite : Fe Fe^2O^4.

Cristallise dans le système cubique.

$$p\ (100)\ ;\ a^1\ (111)\ ;\ b^1\ (110).$$

La forme dominante est l'octaèdre régulier, portant souvent de petites facettes b^1. C'est la forme habituelle de la Magnétite jouant le rôle d'élément de roche.

Le rhombododécaèdre est rare **en Portugal**.

La Magnétite forme aussi entre les lames de Mica de délicates dendrites.

La Magnétite est peut-être le minéral le plus universellement répandu.

En effet, à part certains sédiments, elle se trouve dans toutes les roches éruptives ou métamorphiques et dans des roches sédimentaires.

On la trouve :

1° Dans les roches éruptives ;

2° Dans les contacts des roches éruptives;

3° Dans les filons métallifères ;

4° Dans les fentes des roches diverses;

5° Dans les schistes cristallins;

6° Dans les roches sédimentaires.

La Sidérite : Fe^3CO^3. Carbonate de Fer.

Cristallise dans le système rhomboédrique : $pp = 107°$.

$$\text{Angle plan de } p = 103°4'30''.$$
$$(a : c = 1 : 0{,}81840)$$

La Sidérite se présente le plus souvent sous forme de rhomboèdre primitif, rarement modifié, mais dont les arêtes sont souvent courbes; on la trouve quelquefois en rhomboèdres aigus.

Il est fréquent, *en Portugal,* de rencontrer d'énormes rhomboèdres constitués par le groupement à axes parallèles d'un grand nombre d'individus de la même forme.

Dureté : 2,50 à 7.

Densité : 3,83 à 3,88.

Gris blanc, gris jaune, brun clair, quelquefois verte ou blanche.

La Sidérite peut être, comme cela semble le cas de certains filons hydrothermaux, la forme initiale sous laquelle le Fer a été apporté vers la surface.

Elle peut encore avoir été produite par précipitation directe de sels de Fer en milieu réducteur. Souvent aussi, elle résulte d'une substitution antérieure à des calcaires, notamment en présence de pyrites.

La Sidérite se trouve :

1° Dans les gisements métallifères ;

2° Dans les roches éruptives;

3° Dans les formations sédimentaires.

La Pyrite de fer. — La Pyrite peut être un minerai primitif ou un minerai épigénique et secondaire. Elle s'introduit aisément dans d'autres minéraux pour se substituer à eux. Elle ne constitue d'ailleurs qu'une étape provisoire.

Gisements portugais de Fer.

C'est surtout la Magnétite *qu'on rencontre au Portugal* comme minerai exploitable. Cependant on trouve des gisements de Sidérite et la Pyrite apparaît en plusieurs endroits, et en particulier *à Tinoca.*

Beaucoup de gisements restent inexploités malgré leur valeur; on en trouve dans les schistes paléozoïques, dans le terrain silurien de la *région du Douro,* etc...

La Magnétite apparaît en abondance, sous une grande concentration, dans le silex, aux mines de *la Serra dos Monges,* près *de S. Thiago de l'Escoural.*

Le minerai titre 72 °/ₒ de fer. Il est séparé du silex par la méthode électromagnétique.

Ces mines sont remarquables par l'abondance du minerai et laissent un vaste champ à l'exploitation financière.

On calcule plus de 10 millions de tonnes de minerai à extraire.

Ce gisement est situé à 90 kilomètres de Lisbonne, à 4 kilomètres de la station de Casa Branca.

Il s'étend sur une série de petits mamelons parallèles à la voie ferrée et 7 concessions ont été prises sur 7 kilomètres du Nord au Sud, à une altitude de 1.000 mètres environ au-dessus de la plaine.

Le minerai, en veines presque verticales près de la surface, forme, à 5 ou 6 mètres de profondeur, un filon d'environ 10 mètres, dirigé N. 35° O., encaissé dans le gneiss. Le minerai est tantôt à l'état de fer oxydulé magnétique pur, tantôt mélangé d'Hématite brune.

Analyse du minerai de S. Thiago.

Silice	Alumine	Magnésie	Chaux	Soufre	Acide phosphorique	Eau	Résidu insoluble	Fer	Manganèse
7,25	1,20	0,63	1,90	»	0,07	5,66	0,81	57,20	0,61
5,43	0,40	0,51	2,55	»	0,05	5,84	0,76	58,80	0,80
3,67	0,40	0,39	9,83	0,06	0,06	11,51	1,37	46,25	5,60
3,47	0,20	0,48	8,65	0,02	0,07	11,23	1,57	45,90	7,22

Dans la même commune de *Montenor-o-Novo, district d'Evora,* on trouve les mines d'*Alvido* et de *Nogueirinho,* très anciennes et qui ne sont pas prêtes d'être épuisées.

On compte encore plus de 200.000 tonnes de minerai de bonne qualité à extraire.

On rencontre dans les communes de *S. Thiago do Cacem et d'Odemira* des gisements mixtes de Fer et de Manganèse dans le silex.

Ces gisements sont considérables.

Malheureusement, dans l'état actuel des ressources d'extraction, ces mines ne présentent qu'un intérêt médiocre.

Leur faible richesse, la quantité très grande de silice, qu'on trouve mélangée aux oxydes métalliques, sont des obstacles à une large industrialisation.

Seul l'établissement de stations hydroélectriques pourra abaisser le taux d'extraction suffisamment pour donner à l'exploitation de ces mines l'ampleur que réclame leur étendue.

Usages du Fer.

Les propriétés spéciales du Fer motivent et limitent ses emplois.

C'est un métal très tenace (un fil de 2 millimètres ne se rompt que sous un poids de 280 kilos). Il est ductible et malléable. Il possède la faculté précieuse de pouvoir se souder à lui-même, ce qui est un de ses principaux avantages. S'il fallait l'employer pur, son point de fusion très élevé serait une gêne; mais en lui ajoutant un peu de carbone, on diminue notablement ce point de fusion de 1.600 à 1.800° pour le Fer, à 1.100° pour la fonte blanche, 1.275° pour la fonte grise, 1.300 à 1.400° pour l'acier, ce qui permet de le mouler et de le couler. Enfin, soit en le trempant dans des conditions variables, soit en y introduisant des traces de divers corps, on peut, à volonté, augmenter sa dureté et son élasticité.

Son plus grave défaut est de s'altérer, de se rouiller facilement sous l'action de l'air humide ou de divers agents chimiques, d'où la nécessité de ne pas le laisser à nu, soit qu'on l'enduise simplement de peinture au minium, soit qu'on le recouvre par galvanoplastie de Zinc, Nickel, Étain, etc. Il faut ajouter que des chocs réitérés, un brusque refroidissement, etc., peuvent, en amenant la cristallisation du Fer, le rendre cassant. Toutes ces particularités, autrefois abandonnées à l'empirisme, sont aujourd'hui l'objet d'une étude constante par les procédés micrographiques combinés avec les essais mécaniques et l'analyse chimique; il en est résulté toute une science spéciale arrivée déjà à une grande précision.

Les grands emplois du Fer que nous ne saurions songer à exposer ici sont, avant tout, les rails de chemins de fer, la construction, les ponts métalliques, les navires, les machines, l'armement, etc.

Très accessoirement, les propriétés magnétiques du Fer, que des traces de Carbone ou d'Hydrogène rendent permanentes, le font employer comme électro-aimant.

Les applications du Fer, dont le chiffre augmente d'année en année avec une rapidité remarquable, sont alimentées par les divers pays producteurs dans des conditions qui seront examinées tout à l'heure.

Si l'on se reporte à une centaine d'années, on voit que l'augmentation colossale de la production a été favorisée par une baisse de prix dont peu d'autres métaux fournissent l'équivalent. Tandis que la houille a un peu augmenté au cours du XIXe siècle, le Fer en barres est tombé de 400 à 170 francs la tonne. Malgré cette valeur très supérieure il y a cent ans, on ne produisait dans le monde, au début du XIXe siècle, que pour 300 millions de francs de Fer et de fonte par an, tandis qu'on atteint aujourd'hui, en matières brutes, au moins 10 milliards. A cette époque, le grand producteur de fer était la Grande-Bretagne (250.000 tonnes sur 700.000). Les États-Unis produisaient au total 24.000 tonnes (mille fois moins qu'aujourd'hui).

Sans remonter si loin, on constate, à intervalles très rapprochés, des modifications profondes dans l'industrie des minerais de fer, modifications tenant aux conditions vraiment spéciales dans lesquelles se présentent les minerais de cette substance. Nous examinerons bientôt en détail la géologie du Fer. Il est utile de résumer auparavant les considérations industrielles qui déterminent et font varier, avec les époques, les minerais de fer et, par suite, les gisements de ce métal. C'est, en effet, la demande des consommateurs qui provoque l'offre et la production de telle ou telle qualité de minerais.

CHAPITRE VIII

MANGANÈSE

VIII

MANGANESE

Mn = 54,93

La Pyrolusite, MnO^2 à 63,22 %, est la forme oxydée la plus fréquente.

Cristallise dans le système quadratique et non dans le système orthorhombique, comme certains auteurs semblent le croire.

$b : h = 1000 : 469{,}993.\ D = 707{,}107$
$(a : c = 1 : 0{,}66467)$

La Pyrolusite renferme toujours une petite quantité d'eau due à une décomposition incomplète de la Manganite.

La Haussmannite, Mn^3O^4, tenant 72 % de Manganèse.

Cristallise dans le système quadratique.

$b : h = 1000 : 830{,}285\ D = 707{,}107$
$(a : c = 1 : 1{,}1743)$

La Haussmannite se présente toujours avec la pyramide $b^{1/2}$ (111) dominante ($b^{1/2}\ b^{1/2}\ s.\ p = 62°7'$). Elle constitue aussi des masses granulaires.

Dureté : 5 à 5,5.

Densité : 4,72 à 4,86.

Noire un peu brunâtre.

La Braunite (Mn^2O^3) à 69,70 % de minéral.

Cristallise dans le système quadratique.

$b : h = 1000 : 772{,}32\ D = 707{,}107$
$(a : c = 1 : 1{,}0922)$

La Braunite se présente généralement en octaèdres $b^{1/2}$ (111) extrêmement voisins de l'octaèdre régulier. Elle forme aussi des masses grenues ou compactes.

On ne le rencontre que très rarement en *Portugal.*

Dureté : 6 à 6,5.

Densité : 4,75 à 4,82.

Gris d'acier, noir brunâtre.

Gisements portugais de Manganèse.

Au Portugal, le Manganèse se rencontre surtout allié au Fer, ainsi que je l'ai exposé *pour les mines de S. Thiago do Cacem et d'Odemira.*

Cependant, on trouve de nombreux gisements de Pyrolusite et d'Haussmannite dans la région du Douro. Ces gisements produisaient, en 1886, 17.000 tonnes. Le taux d'extraction s'est abaissé à 7.000 tonnes en 1909, et à l'heure actuelle, l'exploitation est abandonnée.

Cependant, le Portugal est aussi riche en Manganèse que la région *de Carthagène en Espagne* et beaucoup plus riche que la province d'*Huelva,* qui, cependant, produit abondamment.

La reprise méthodique des gisements portugais par des techniciens éclairés donnerait des résultats d'un intérêt capital.

En effet, une venue de Manganèse a affecté largement le sud du Portugal.

Dans la province d'Huelva et le sud du Portugal, les gîtes de Manganèse sont sur la même zone que les pyrites de Fer cuivreuses, mais affectent une plus grande surface. Toutes les observations prouvent que les venues de ces deux natures de minerais sont indépendantes.

Le gisement de pyrites de fer cuivreuses est ancien et, à la suite des plissements hercyniens, il a rempli les vides et cimenté les fractures.

A l'époque tertiaire, sur cette zone depuis longtemps consolidée, il ne paraît pas y avoir eu d'éruptions importantes de roches. Le sol n'a pas été plissé, mais seulement disloqué. La direction des strates et des zones de roches différentes est restée la même : Est-Ouest, sensiblement.

Dans les dislocations nouvelles, et particulièrement dans les parties évasées de la surface, au contact des roches résistantes, quartzites et jaspes, ou dans les fissures de ces roches, les sources manganésifères tertiaires ont produit les dépôts de minerais.

On constate aussi quelques dépôts de Manganèse au contact de la pyrite de Fer cuivreuse, mais le fait est exceptionnellement rare.

Il eût été extraordinaire, vu le nombre considérable de gîtes de Pyrite, qu'il ne se fût produit aucune réouverture ou fracture dans l'un de ces gisements, et ensuite un dépôt de Manganèse.

Il arrive quelquefois, lorsque le minerai de Manganèse se perd en profondeur, que le Jaspe cède la place à une roche verte très siliceuse ou à un Quartz blanc et compact, dans lequel on n'a jamais rencontré de minerai.

Les gîtes de minerai de Manganèse sont dirigés Est-Ouest et sont superficiels. L'exploitation a démontré qu'ils ne vont pas à plus de 20 mètres de profondeur, sauf les plus importants qui atteignent 40 mètres en moyenne. Un seul a atteint 100 mètres.

Les minerais sont généralement au contact des jaspes, dont ils remplissent aussi les vides, mais les jaspes sont eux-mêmes superficiels.

Les lentilles de minerai ont généralement de 30 à 60 mètres de long, 5 à 15 mètres de puissance et 20 à 40 mètres de profondeur.

Elles s'alignent, avec des intervalles stériles, sur un même horizon qui a quelquefois plusieurs kilomètres.

Il y a des jaspes sans minerai, de même qu'il y a quelquefois des minerais sans jaspe, mais alors ils sont souvent pauvres et argileux.

Il est difficile de dire à quelle époque a eu lieu la transformation des schistes en jaspes. Peut être y a-t-il eu une venue spéciale de silice à l'époque triasique.

Quoi qu'il en soit, la venue du Manganèse est postérieure.

Usages du Manganèse.

Le grand usage du Manganèse, dont le développement rapide a déterminé l'essor parallèle de l'extraction de ce métal, est la métallurgie du Fer ; 90 °/₀ des minerais produits passent à cette application. Il existe, en outre, quelques emplois secondaires dont nous parlerons ensuite, notamment des bronzes manganésifères, la préparation de l'oxygène, celle du chlore, etc.

L'emploi du Manganèse en sidérurgie a pour point de départ la facilité avec laquelle s'allient le Fer et le Manganèse, si analogues par leurs propriétés en même temps que si rapprochés par leur poids atomique. Dans cette industrie, les minerais de Manganèse sont employés à produire des Ferro-Manganèses, Spiegel, etc., que l'on ajoute ensuite dans la fabrication de l'acier pour obtenir l'épuration en Soufre et en Phosphore. Avec le Soufre, le Manganèse donne un sulfure très peu fusible, tandis que le sulfure de Fer est fusible. Ce sulfure passe ainsi dans la scorie. D'une façon générale, le Manganèse élimine les impuretés en formant des composés dégageant beaucoup de chaleur et facilement scorifiables qui se séparent du métal. Le Manganèse permet ainsi d'obtenir, avec les produits du convertisseur Bessemer ou du four Martin, la bonne qualité à chaud, les facilités de forgeage et de laminage et la dureté.

La consommation de Manganèse par tonne d'acier est évaluée en moyenne à 10 kilos, ce qui correspondrait par an dans le monde à 450.000 ou 500.000 tonnes de Manganèse métal.

On appelle généralement Spiegel eisen, ou Spiegel, une fonte manganésée tenant de 2 à 25 °/₀ de Manganèse. On réserve le nom de Ferro-Manganèse pour la fonte de Fer renfermant plus de 25 °/₀ de manganèse, cette limite de 25 °/₀ correspondant au point où l'alliage, réduit en poudre, cesse d'être attirable à l'aimant. On fabrique, en outre, des composés siliceux, soit au haut fourneau, soit surtout électriquement, tels que le Ferro-Silicium, où le Manganèse ne dépasse pas 2 °/₀, tandis que le Silicium peut atteindre 94 °/₀ ; le Silico-Spiegel et le Silico-Manganèse, qui peuvent être, par exemple, à 75 de Manganèse pour 30 de Silicium ou, inversement, à 75 de Silicium pour 25 de Manganèse.

L'industrie des ferro-manganèses est à peu près contemporaine de la découverte de Bessemer. On l'a pratiquée à Bonn, Terrenoire et Glascow, dès 1865. Après avoir travaillé au four à sole par petites quantités, on a employé le haut fourneau et l'on est arrivé récemment au procédé électrique (procédés Gin, Hofer, etc.). Ce dernier procédé a permis d'obtenir des ferro manganèses à 98 °/₀ et même, à titre exceptionnel, du Manganèse pur. L'industrie ne demande généralement pas plus de 80 °/₀, limite extrême à laquelle les alliages sont stables. Le Carbone passe en même temps de 4 à 7 °/₀ quand le Manganèse passe de 10 à 80.

On utilise également des alliages de Cuivre et de Manganèse, notamment pour les coussinets et les boîtes à feu des locomotives. C'est ainsi que le Cuivre raffiné du Mansfeld, mélangé à 2 °/₀ de Manganèse, donne le bronze manganésé susceptible de résister à une forte tension.

Avec un mélange de 85 de Cuivre, 6 d'Étain, 3 de Zinc et 3 de cupro-Manganèse, on a un alliage qu'on peut courber à angle droit sans qu'il y ait de fissure; avec 80 de Cuivre, 10 d'Étain et 10 de Manganèse, on a un métal très dur, mais encore facile à travailler.

Parmi les autres applications du Manganèse, on peut citer la préparation du Chlore, des chlorures décolorants, hypochlorites et chlorates, qui en consomme beaucoup moins depuis l'adoption générale des procédés de régénération Weldon. On s'en sert aussi dans la préparation de l'Oxygène par le procédé Tessier du Motay.

Le Manganèse est utilisé depuis longtemps à l'état de bioxyde naturel dans les verreries, sous le nom de savon de verriers, à cause de la propriété qu'il a de blanchir le verre (coloré en jaune par le Fer).

La purification du gaz d'éclairage utilise des chlorures de Manganèse restant comme sous-produits de la fabrication des hypochlorites.

Citons encore : l'agriculture, qui prend du sulfate de Manganèse; les poteries, faïenceries, etc., qui, en variant la proportion du peroxyde dans la pâte, obtiennent toute une gamme de tons du violet au brun; les fabriques de permanganate de Potasse; la teinture et l'impression des tissus (tons bistres et marrons); la médecine, la fabrication des piles électriques, la préparation du bronze et de l'iode, etc.

CHAPITRE IX

CUIVRE

IX

CUIVRE

Cu = 63,57

Minerais de Cuivre.

Les principaux minerais de Cuivre sont des minerais sulfurés.

Ils sont considérés comme purs lorsqu'ils ne renferment que du cuivre ou du fer; comme impurs, quand à ces métaux s'ajoutent l'Arsenic, l'Antimoine, le Plomb à forte dose, le Zinc au delà d'une certaine limite.

Les minerais sulfurés purs sont : *La Chalcopyrite* ($CuFeS^2$), à 34,5 °/₀ de Cuivre;

L'Érubescite ($3Cu^2S$, Fe^2S^3) 43 à 63 °/₀ de Cuivre;

La Chalcosine (Cu^2S) à 79,8 °/₀ de Cuivre;

La Covalline (CuS) à 66,4 °/₀ de Cuivre.

Les minerais sulfurés impurs sont :

Les Cuivres gris tenant de 15 à 48 °/₀ de Cuivre, avec Arsenic, Antimoine, Fer et souvent assez forte proportion d'Argent.

La plupart sont antimonieux, tels que la *Panabase* et la *Preibergite*

Les minerais oxydés sont dus à une altération secondaire qui cesse en profondeur. Ce sont :

La Cuprite (Cu^2O) à 88,7 de Cuivre;

La Malachite ($H^2Cu^2CO^5$) à 57,4 °/. de Cuivre.

Les autres minerais oxydés ne se rencontrent pas *en Portugal.*

Pratiquement, tous les minerais à haute teneur en Cuivre jouent un rôle de plus en plus secondaire dans la production industrielle, qui est presque totalement alimentée aujourd'hui par des pyrites de Fer cuivreuses tenant 1 à 3 °/₀ de Cuivre.

Chalcopyrite $CuFeS^2$. Ferrosulfure de cuivre; Cu = 34,5, Fe = 30,5, S = 35.

Système tétragonal; symétrie ditétragonale alternante :

$$a : c = 1 : 0,985$$
$$p = o = (111) ; p' = \omega = (1\overline{1}\overline{1}); e = (101) ; C = (001)$$
$$z = (201); d = (114); u - (441)$$
$$Ce = (001) : (101) = 44°34', Co = (001) : (111) = 54°20'$$
$$o\omega = (111); (1\overline{1}\overline{1}) = 70°71$$

Maclée suivant une normale de (111) ou sur le plan (101).

Clivage (201) imparfait.

Fracture conchoïdale. D = 4, G = 4,2.

Jaune de laiton.

Lustre métallique. Opaque.

La Chalcopyrite, pyrite de Cuivre, Cuivre jaune ou Townanite, est un des minerais de cuivre les plus communs, et celui d'où l'on tire la plus grande partie du Cuivre du commerce.

C'est un constituant commun des veines métallifères, où elle se rencontre quelquefois en beaux cristaux rivalisant avec ceux des pyrites de Fer, par leur perfection et leur lustre.

Dans les mines *de San Domingos* (*Portugal*), on trouve de ces magnifiques cristaux en très grande quantité.

Les angles de ce minéral sont très voisins de ceux du cube et par conséquent ses axes sont très près d'être égaux.

Les cristaux sont communément des bisphénoïdes qui ressemblent à des trétraèdres réguliers, ou sont des octaèdres en apparence, qui se composent réellement de deux pareils trétraèdres complémentaires; l'angle de l'octaèdre est de 70°7′ (au lieu de 70°32′).

Comme les autres composés du Soufre et du Fer, la Chalcopyrite est très susceptible de se ternir et de s'altérer à la surface.

La Chalcopyrite se distingue des pyrites de Fer par sa tendreté; elle est facilement rayée au couteau. Elle s'en distingue aussi parce qu'elle donne, par le traitement à l'acide nitrique, une solution verte qui devient bleue quand on y ajoute de l'Ammoniaque.

Erubescite. — Ferro-sulfure de cuivre; $3Cu^2S, Fe^2S^3$.

Cristallise dans le système cubique.

Forme commune : cubes.

Maclé dur (111).

Clivage (111).

Fracture subconchoïdale.

D = 3.

G = 5,0.

Brun similor.

Ce minerai se rencontre en cubes irréguliers s'interpénétrant, mais plus habituellement à l'état massif (*gisements de la région du Douro*).

Gisements portugais de Cuivre.

A San Domingos, l'exploitation porte sur un amas vertical de 500 mètres de long et de 60 mètres de large, dirigé N. 110° E.

Sa constitution est la même que celle du gîte espagnol de Rio Tinto, mais la pyrite englobe des esquilles importantes de schistes, restées au milieu du remplissage.

Sur son éponte Nord, on trouve des schistes métamorphiques, avec une brèche de quartz cimentée par de la pyrite, qui apparaît seulement vers l'extrémité Ouest.

Au Sud, il s'intercale, entre la pyrite et les schistes, une diabase ophitique contenant, dans quelques fissures, du Cuivre natif et transformée en une argile blanche au contact de la Pyrite.

L'existence de la brèche quartzeuse de l'éponte Nord, et surtout la présence, dans le corps de la Pyrite, de grandes faces de glissement polies, ou miroirs, prouvent nettement que des mouvements mécaniques, postérieurs à la consolidation, ont continué ceux qui avaient provoqué la venue de la diabase et des métaux.

On y a trouvé du Cuivre natif et de l'Anglésite accusant des actions d'altération superficielle.

La mine portugaise de *San Domingos* a produit, en 1907, 361.000 tonnes de Pyrite et 600 tonnes de Cuivre de cémentation.

La production de 1910 équivaut à 3.003 tonnes de Cuivre, celle de 1920 à 4.001 tonnes.

Les mines d'Aljustrel, situées à 20 kilomètres de la station de Figueirinha de la ligne du Sud, comprennent deux gisements de pyrites de Fer cuprifères situés à 1.500 mètres environ de distance l'un de l'autre :

Le gisement de Saint-Jean-du-Désert;

Le gisement des Algares.

Le terrain encaissant est le culm.

Les gîtes sont encaissés suivant la stratification des schistes de ce terrain. L'inclinaison se rapproche de la verticale. Leur direction est différente.

Le gîte de Saint-Jean-du-Désert, quoique le plus important, avait été délaissé par les anciens, probablement parce que le minerai était trop pauvre en Cuivre pour eux, tandis qu'ils avaient fait des travaux considérables sur celui des Algares, au voisinage duquel on rencontre beaucoup de scories. Bien que ces gisements soient très anciens, je tiens à les décrire parce qu'ils servent de types.

Le gisement de Saint-Jean-du-Désert s'annonçait à la surface par des crêtes de Fer et, dans leur partie orientale, par un affleurement de Pyrite sur lequel les anciens avaient fait quelques travaux peu importants.

Des galeries ont été exécutées à trois niveaux et ont reconnu le gisement.

Au premier niveau, la puissance a atteint 25 mètres; au deuxième niveau, c'est-à-dire 9 mètres plus bas, elle a atteint son maximum, soit 35 mètres.

La masse de minerai, reconnue par une galerie partant du puits Barranco (11 mètres au-dessous de son orifice) et par des traverses, a une forme lenticulaire et va en augmentant de l'Est à l'Ouest.

Des parties schisteuses stériles sont intercalées dans le minerai, dans la région du puits Saint-Jean.

Une galerie d'environ 110 mètres (galerie Baixa), débouchant à la surface, à ce niveau, assurait l'écoulement des eaux.

Le gîte s'étend sur environ 350 mètres en direction à ce niveau.

Un troisième niveau avait été ouvert 20 mètres plus bas pour reconnaître le gisement à 42 mètres au-dessous de l'orifice du puits Saint-Jean.

La section horizontale de la masse de minerai est plus faible qu'au deuxième niveau et le maximum de développement est entre le deuxième et le troisième niveau.

Le gîte des Algares présente aussi à la surface des crêtes ferrugineuses.

D'anciens travaux importants avaient été poussés dans cette mine jusqu'à 70 et 80 mètres de profondeur, mais la partie plus particulièrement exploitée était au niveau 56.

Les travaux furent repris à ce niveau au moyen d'une galerie d'écoulement de 800 mètres. Le gisement, divisé en deux branches, a été reconnu sur 248 mètres d'étendue, avec une puissance moyenne d'environ 9 mètres.

14 mètres plus bas, au niveau 70, la forme du gîte change, et la masse du minerai se divise en trois branches vers le Nord.

Sa puissance moyenne est à peu près la même, 9 à 10 mètres. Son étendue en direction est de 232 mètres.

Au niveau 80, la section de la masse devient très faible. Elle n'a plus que 120 mètres et 6 mètres de puissance.

Les avancements nord et sud n'ont plus que $0^{m}50$ à 1 mètre de minerai.

Les schistes du toit et du mur sont imprégnés de pyrites.

Au niveau 100, la fin du gîte est encore plus manifeste; il n'y a plus que 100 mètres en direction et aux avancements $0^{m}60$ de minerai seulement.

Les minerais de ces deux gisements sont des pyrites de Fer cuivreuses.

La teneur en Cuivre est très variable d'un point à un autre.

Voici quelques analyses pour la mine de Saint-Jean :

1° A l'est du puits Saint-Jean :

1er	niveau	3,09 %
2e	niveau	4,34 %
3e	niveau	6,24 %

Moyenne : 4,55 de Cuivre.

2° A l'ouest du puits Saint-Jean :

1er	niveau	3,94 %
2e	niveau	2,60 %
3e	niveau	3,32 %

Moyenne : 2,28 de Cuivre.

On peut citer dans la région d'Évora des gîtes importants.

Ce sont ceux de *Pecena, Commenda, Sobral, Alpedreira, Alcale, Alcalaim.*

Au sud d'Évora, on trouve les gîtes de San Manços, Xérès et Barcas.

Non loin de la frontière espagnole sont les gîtes de Bugalho, d'Azambujera, Mostardeira, etc...

Dans la région d'*Aveiro*, il existe une région métallifère intéressante.

Le Cuivre est le métal dominant dans certaines mines, telles que Pailhal, Telhadella.

Dans les environs de Telhadella et Pailhal, à 10 kilomètres de la station Estarreja, massif de la Beira Alta, le terrain encaissant est constitué par le Gneiss qui est décomposé au voisinage des fractures et filons Est-Ouest et N.-E.-S.-O.

Les gneiss sont généralement dirigés N.-S.

La direction Est-Ouest est celle des filons les plus importants.

La nature compacte du sol se traduit par son imperméabilité aux eaux de la surface.

Ainsi le puits maître de Talhadella n'épuisait que 24 mètres cubes d'eau en vingt-quatre heures et avait 140 mètres de profondeur.

Le filon principal Est-Ouest incline de 60° vers le Nord, ses caractères extérieurs sont très peu apparents.

Une galerie l'a reconnu sur la rive droite de la rivière de Caïma et a suivi une colonne minéralisée d'une étendue de 200 mètres.

La puissance du filon principal varie de 0m10 à 1m50.

Dans les parties stériles, il est rempli de Gneiss, tantôt compact tantôt broyé et décomposé ou en fragments anguleux qui lui donnent l'apparence d'anciens travaux remblayés.

Dans les parties minéralisées, les minerais sont au toit et au mur généralement, le centre du filon étant occupé par du Gneiss fissuré parallèlement au toit et au mur.

On y rencontre la Pyrite de Cuivre, de fer, la Galène, la Blende et des sulfures de Nickel et de Cobalt avec des gangues peu abondantes de Quartz et Spath calcaire.

Quelquefois ces minerais sont disséminés dans la masse du filon.

La zone minéralisée de 200 mètres incline à l'Est dans le filon et se projette en plan suivant une ligne N.-O.-S.-E.

La pyrite cuivreuse forme les 9/10 du minerai, la Galène et les autres métaux 1/10.

La Blende, la Pyrite de Fer, le Nickel et le Cobalt sont accessoires.

La disposition des minerais est assez enchevêtrée dans le filon, cependant il semble généralement que le Cuivre est au mur.

La Pyrite de Cuivre paraît être arrivée la première. Le Cobalt et le Nickel ont été trouvés seulement à l'ouest de la zone minéralisée.

Leur arrivée dans le filon paraît postérieure au Cuivre et au Plomb.

Les minerais, après la préparation mécanique, étaient classés en deux qualités pour le Cuivre, une seule pour le Plomb.

La première donnait 20 à 28 °/₀ de Cuivre, la seconde 20 °/₀.

La teneur de Galène variait de 70 à 78 °/₀. Peu argentifère; l'Argent n'était pas payé.

La tonne de minerai marchand valait en moyenne :

222 francs à la mine;

232 francs à Porto;

252 francs à Svansea.

Le mètre carré exploité dans la zone riche donnait environ en moyenne 100 kilos de minerai marchand.

Il fallait donc exploiter 10 mètres carrés de filon pour avoir une tonne de minerai marchand valant 222 francs.

Ce filon était, comme on le voit, assez pauvre, mais il y a dans le *district d'Aveiro* des filons beaucoup plus riches.

Les filons de la mine de Pailhal étaient plus importants et mieux minéralisés.

Ces mines sont aujourd'hui abandonnées.

D'autres mines, qui sont la propriété de la maison Henry Burnay, ont une richesse pour l'instant inconnue.

Cependant il existe des minerais en quantité suffisante pour permettre de leur appliquer les procédés modernes de fluctuation (séparation par les huiles).

Par ce procédé, on évite les pertes énormes allant jusqu'à 30 °/₀ de minerai de cuivre, constatées avec la séparation hydromécanique.

La métallurgie du Cuivre ne prendra un essort réellement important en *Portugal* que lorsque toutes les mines de Cuivre étant réunies, on leur appliquera des méthodes modernes pour abaisser suffisamment le prix du minerai.

A *Senze do Tombe (province d'Angola),* le cénomanien contient des conglomérats cuprifères intercalés entre deux bancs de grès fossilifères.

Ce cénomanien, formé de grès et de calcaires, est adossé, avec une pente de 12°, contre des schistes cristallins.

Le Cuivre (Malachite, Azurite, Chrysocolle, Volborthite) y est accompagné d'un peu de Galène et de Barytine.

A *Valle de Vouga,* le gisement est mixte (cuivre et plomb).

Les procédés d'extraction, du triage, du lavage, etc., sont suffisamment perfectionnés pour assurer un rendement rémunérateur pour les deux métaux.

Usages du Cuivre.

On utilise, soit le métal lui-même, soit ses alliages (bronze, laiton, maillechort, tombac, etc.).

Le Cuivre proprement dit est désigné dans le commerce sous le nom de Cuivre rouge; le Cuivre jaune n'est autre chose que du laiton.

Le Cuivre rouge se recommande par sa grande malléabilité, sa conductibilité pour la chaleur et l'électricité, la lenteur de son oxydation à l'air.

Il est vendu brut, en plaques et lingots; travaillé en planches laminées, en barres, en tubes, en coupoles pour distilleries, raffineries, sucreries, en plaques de foyer de locomotives, en plaques de doublage pour la marine, en fils pour l'électricité, etc...

La tréfilerie du cuivre a surtout pris un essor énorme.

Pour éliminer les dernières traces d'Oxygène, on emploie quelquefois du Phosphore ou du Silicium dont on laisse le moins possible dans le métal définitif.

On élabore également un peu de Cuivre pour la galvanoplastie.

Parmi les alliages de Cuivre, nous citerons, avant tout, le laiton.

C'est un alliage de Cuivre et de Zinc, moins altérable à l'air que le Cuivre rouge et contenant, presque toujours, de petites quantités de Plomb, de Fer et d'Étain, qui lui communiquent des qualités particulières.

Le laiton destiné au tour est composé de : Cu = 61 à 65; Zn = 36 à 58; Pb = 2 à 2,05; Sn = 0,20.

Le Plomb et l'Étain sont destinés à lui donner de la sécheresse, afin qu'il ne graisse pas l'outil.

Le laiton des tréfileries, qui doit surtout être tenace, contient plus d'Étain et moins de Plomb : Cu = 64,2; Zn = 35; Pb = 0,40; Sn = 0,40.

Le laiton forgeable tient environ 40 °/₀ de zinc. Le laiton malléable pour cartouches renferme 33 °/₀ de zinc.

Parmi les usages du laiton, nous citerons le doublage des navires, les tubes (pour appareils à gaz, suspensions de lustres, de candélabres, ornementation des appartements, etc.), les fils, la robinetterie, les épingles (que l'on fait cependant de plus en plus en acier).

Le bronze est un alliage de Cuivre et d'Étain ayant les compositions suivantes :

DIFFÉRENTS BRONZES	CUIVRE	ÉTAIN	ZINC	PLOMB
Bronze pour pièces mécaniques	84 à 92	8 à 16	»	»
» dur pour pièces frottantes	82	18	»	»
» mou au plomb	80 à 85	10	»	5 à 10
» des cloches	75 à 82	18 à 25	»	»
» des monnaies	94	5	1	»

On fabrique également : des bronzes d'Aluminium tenant de 5 à 10 d'Aluminium et 95 à 90 de Cuivre, extrêmement tenaces et susceptibles d'un très beau poli ; des laitons d'Aluminium à 64-69 de Cuivre, 20-25 de Zinc et 10 d'Aluminium.

D'autres alliages de Cuivre et de Zinc sont : le similor; le métal du prince Robert, employé pour la fabrication des faux bijoux, contenant 80 à 88 °/₀ de Cuivre et 20 à 12 °/₀ de Zinc suivant le ton de jaune plus ou moins vif qu'on veut obtenir; le chrysocale (bijoux faux) : (Cu = 92; Zn = 6; Sn = 2); le tombac ou Cuivre blanc (instruments de physique) : (Cu = 97; Zn = 2; As = 1).

Le Maillechort ou Argentan est un alliage de Cuivre, de Zinc et de Nickel ayant la couleur et la sonorité de l'Argent : (Cu = 50; Zn = 25; Ni = 25).

On l'utilise pour la fabrication de couverts argentés par voie galvanique, de réflecteurs, d'ustensiles de cuisine, cafetières, plats, couverts, etc., de garnitures de couteaux et de porte-plume, de boîtes de montres communes, d'objets de sellerie, etc. Le service de la guerre emploie des bandes de maillechort.

Parmi les sels de Cuivre, il en est un qui est aujourd'hui l'objet d'un commerce important, c'est le sulfate de Cuivre. Ses propriétés antiseptiques le font employer contre les maladies de la vigne, pour l'injection des bois, le chaulage des grains de semence. Ce sulfate est généralement obtenu, non plus comme autrefois en faisant agir directement l'acide sulfurique sur le Cuivre avec brassage à l'air, mais en remplaçant, dans les piles Bunsen, le Zinc par le Cuivre ce qui donne comme sous-produit de l'électricité livrable à très bon marché. Le sulfate sert, en outre, à produire du noir, des lilas et des violets dans la teinture. La galvanoplastie et le garnissage des éléments Daniell en consomment d'assez fortes proportions.

Comme autres sels de Cuivre, nous nous contenterons de citer : le vert de Brunswick (oxychlorure: $CuCl, 3\ CuO + 4\ H^2O$), employé en peinture; le vert de Scheele, qui est un arsénite de Cuivre; le vert de Schweinfurt, combinaison d'arsénite et d'acétate; le vert minéral, carbonate bibasique, et la cendre bleue, carbonate sesquibasique qui était très employé pour les papiers peints avant que l'outremer artificiel fût descendu à bas prix.

Le carbonate bibasique naturel, sous la forme de Malachite, est utilisé comme pierre d'ornement.

La consommation du Cuivre a passé de 300.000 tonnes en 1890 à 512.000 en 1900 et 894.000 en 1910. Aux États-Unis, en particulier, on a monté, pour les mêmes dates, de 90.000 tonnes à 250.000 tonnes et 341.000 tonnes. En 1910, l'Allemagne a pu consommer 200.000 tonnes; l'Angleterre, 146.000; la France, 80.700; l'Autriche-Hongrie, 33.500; la Russie, 28.600; l'Italie, 23.200; la Belgique, 13.000, etc. Les États-Unis, qui tiennent la tête pour la production et la consommation, importent de grandes quantités de minerais étrangers et même de Cuivre brut destiné au raffinage électrolytique. Leur exportation (importations déduites) était de 160.000 tonnes en 1900, 196.000 tonnes en 1910.

CHAPITRE X

PLOMB

X

PLOMB

Pb = 207,10

Minerais de Plomb.

Les minerais de Plomb sont la Galène et la Cérusite, accessoirement l'Anglésite, la Pyromorphite.

Au Portugal, on ne rencontre guère que de la Galène; la Cérusite s'y trouve accidentellement, par suite d'altération de la Galène.

Galène : Sulfure de plomb PbS, Pb = 86,6; S = 13,4.

Cubique, holosymétrique.

Forme commune, cubo-octaèdre.

$$A = (100);\ O = (111);\ d = (110);\ p = (221).$$

Clivage (100) parfait.

Fracture unie. $H = 2\ ^{1/2}$, G = 7,5.

Gris plomb.

C'est le minerai commun de Plomb, et la Galène argentifère a une valeur et une importance encore plus grandes comme minerai rémunérateur d'Argent.

Ce minerai est un constituant fréquent des veines métallifères, où il se rencontre quelquefois en fins cristaux, habituellement des cubes ou des cubo-octaèdres.

Il a généralement l'habitus cubique.

La Galène se trouve habituellement à l'état granulaire et massif, presque compact, mais dans presque tous les échantillons, on peut distinguer les facettes brillantes du clivage cubique, qui donnent au minéral une apparence éclatante.

Cérusite : $PbCo^3$, carbonate de Plomb.
Orthorrhombique : *mm* = 117°14′.

$$b : h = 1000 : 617,166.\ D = 853,626,\ d = 520,885$$
$$(a : b : c = 0,60997 : 1 : 0,72300).$$

1° Macle très fréquente suivant *m* (110) se produisant soit par accolement, soit par pénétration; cette macle est souvent polysynthétique. Elle donne parfois des groupements hexagonaux d'un petit nombre d'individus;

2° Macle suivant g^2, souvent binaire.

Dureté : 3 à 3,5.

Densité : 6,57,

Blanche, grise, gris noir, noire, plus rarement teintée en bleu ou en vert par l'oxyde de cuivre.

La Cérusite est, par excellence, le minéral résultant de la décomposition de la Galène; aussi se trouve-t-elle, sans exception, aux affleurements de tous les gisements de Galène.

Tantôt la Cérusite épigénise la galène en donnant des masses cristallines ou compactes, quelquefois terreuses, mélangées de diverses impuretés, tantôt elle se présente en beaux cristaux drasiques.

Gisements portugais des minerais de Plomb.

Le Plomb existe presque toujours à côté du Zinc dans les gisements.

Un gisement, où l'un ou l'autre de ces métaux existe isolément, doit être considéré comme un accident local dans une métallisation qui, sur le même filon, ou tout au moins dans la même zone filonienne, reprendra ailleurs son allure normale.

C'est ce qui se passe pour *la mine de Braçal* où l'on rencontre une Galène de premier ordre.

Le minerai presque pur se prête admirablement à son exploitation.

L'association ordinaire de l'Argent constitue minéralogiquement comme industriellement une particularité des gisements de plomb.

L'Argent devient pour le Plomb un compagnon presque constant et il est toute une catégorie de gisements d'Argent aussi impossible à distinguer des gisements de Plomb que les gisements de Plomb des gisements de Zinc.

La mine de *Braçal* contient 200 grammes d'Argent par tonne de minerai.

Le gisement de Braçal se trouve à 11 kilomètres d'un autre gisement, celui de Talhadas.

L'allure de ce gisement est assez accidentée par quelques failles. La direction moyenne est Est 40° Sud (heure 8,40') et son inclinaison de 65° vers le Sud-Ouest. Sa puissance varie de 0 à 4 mètres.

Les terrains encaissants sont des schistes micacés, argilo-talqueux, dont la direction générale s'approche de Nord-Sud, parmi lesquels on distingue une assez grande quantité de bancs de quartzites intercalés dans la stratification.

La gangue du filon est quartzo-schisteuse avec quelque peu de chaux carbonatée.

Les gneiss et granites existent dans le voisinage, à environ 2 kilomètres, non loin du village de Silva Escura.

Au nord-ouest de ce village existeraient des roches éruptives dioritiques, d'une couleur vert foncé, passant au noir, qui peuvent bien avoir quelques relations avec les pointements dioritiques du gisement voisin de Talhadas.

La profondeur atteinte dans les travaux n'est relativement pas considérable.

Le gisement de Mealhada, plus riche, plus régulier que le précédent, se trouve à environ 1 kilomètre au nord de ce dernier et constitue une importante exploitation de *Galène argentifère* accompagnée parfois de Blende et de sulfure de Cuivre et de Fer.

Il est constitué par deux filons dont l'un, le *filon de Malta,* a une direction Est-Ouest (heure 6); l'autre, le *filon Mestre,* a une direction Est 15° Nord (heure 5).

Ces directions sont plus ou moins régulières et on croit avoir remarqué que l'enrichissement ou l'appauvrissement des filons variait selon que ces directions s'approchaient ou s'éloignaient de la direction Sud-Est (heure 9), la stérilisation des filons s'accentuant lorsque leur direction s'infléchissait vers la ligne Nord-Est (heure 3). Ce n'est cependant pas le cas pour le Braçal dont le filon s'approchant de la ligne (heure 9) n'a pas réalisé les espérances fondées sur son exploitation.

L'inclinaison des filons, plus ou moins régulière, est d'environ 70° vers le Sud et leur puissance est très variable, de 0 à 6 mètres.

Les gangues et les roches encaissantes sont les mêmes que celles du gisement du Braçal.

Les mines du Coval do Mó se trouvent à 3 kilomètres à l'ouest des mines du Braçal, bordant un petit affluent du Caima.

Les roches encaissantes sont les mêmes que celles du Braçal et de Mealhada ; la minéralisation du filon est aussi identique ; la gangue paraît plus riche en chaux carbonatée dans le filon du Coval do Mó.

La direction de ce filon est, d'une manière générale, Est 30° Sud (heure 3) ; c'est, du moins, celle avec laquelle le filon présente la métallisation la plus abondante.

Les mines du Carvalhal, sur la rivière Caima, sont distantes de 5 kilomètres à l'ouest de la mine du Coval do Mó.

Ce gisement est, du reste, abandonné comme celui du Coval.

Le gisemement de Palhal est environ à 2 kilomètres au nord de celui du Carvalhal ; il est abandonné depuis peu d'années ; son exploitation a eu une assez grande importance.

Un grand nombre de filons ont été reconnus et explorés dans le périmètre de cette concession, soit sur les rives du Caima, soit sur les ondulations de la rive gauche entre cette rivière et celle de Ribeira, dont le ruisseau du Coval do Mó est un des affluents. Dans les terrains encaissants, et d'une manière générale, les schistes silico-talqueux paraissent faire place au gneiss avec de nombreux bancs de quartz interstratifiés.

Les filons reconnus sont au nombre de huit, savoir :

1° *Le filon Basdo,* ayant une direction moyenne Est-Ouest (heure 6) et une inclinaison vers le Nord d'environ 70°.

C'est dans ce filon qu'ont été exécutés les travaux les plus importants.

Vingt étages d'exploitation y ont été ouverts. La puissance moyenne est d'environ 1 mètre ;

2° *Le filon Mill,* à peu près parallèle au précédent en tant que direction et inclinaison et d'une puissance moyenne de 0^{m}40. Il renferme onze ou douze étages d'exploitation ;

3° *Le filon Branch* a été exploré et exploité au moyen de cinq étages ;

4° *Le filon Bridge* attaqué par deux étages ;

5° *Le filon Counter* attaqué par neuf étages ;

6° *Le filon House* attaqué par trois étages ;

7° *Le filon Great Counter* attaqué par trois étages ;

8° *Le filon Slide.* Ce dernier paraît être un filon croiseur. Son remplissage est exclusivement formé d'argile.

Sa direction est Nord-Ouest, Sud-Est (heure 9) ; son inclinaison de 60 à 70° vers le Nord et sa puissance moyenne de 0^{m}50.

Ce filon a été rencontré dans tous les étages d'exploitation du *filon Basto* et a été reconnu sur une assez grande longueur, puisqu'il y a été exécuté plus de 1 kilomètre de galeries.

Il a toujours été stérile et les rejets qu'il a occasionnés n'ont jamais été considérables.

Ces divers filons, et particulièrement le premier, sont parfaitement caractérisés avec des salbandes argileuses.

Le minerai dominant est la Pyrite de Cuivre, associée parfois à du Cuivre gris, à des oxydes noirs, à du Cuivre sulfuré, à du Cuivre natif, à de la Galène, de la Blende et à des arséniures et arséniates de Nickel et de Cobalt.

Tous ces minerais sont très argentifères.

La gangue est composée de Pyrite de Fer plus ou moins arsénicale de Chaux carbonatée, de Quartz, de Fer carbonaté et d'argile.

Les mines de Telhadella sont situées à 2 kilomètres environ du nord des mines du Palhal. Ces mines sont aussi abandonnées, mais pourraient être reprises avantageusement.

Deux filons parallèles y ont été mis en exploitation. Ils ont une direction Est Ouest (heure 6) avec une inclinaison de 60 à 70° vers le Nord.

L'un de ces filons, *le filon Maria*, a une puissance moyenne de 0^{m}70 et a été reconnu par deux ou trois étages d'exploitation. L'autre, *le filon Bocage*, a une puissance moyenne de 0^{m}80 et a été reconnu par huit ou neuf étages, jusqu'à la profondeur d'environ 200 mètres.

Les terrains encaissants sont, comme au Palhal, des gneiss plus ou moins décomposés, passant quelquefois au schiste, avec des interstratifications quartzeuses.

Les minerais prédominants ont été la Blende et la Chalcopyrite argentifères, la Galène argentifère et le Nickel arsénié avec une gangue composée de Pyrite de Fer arsenicale, de Quartz, de Chaux carbonatée et de fragments de roches encaissantes.

Les mines de Nogueira do Çravo sont à 11 kilomètres au nord de Telhadella et à 6 kilomètres d'Oliveira d'Azemeis, sur la rivière Antoao, qui se jette dans la lagune d'Aveiro à Estarreja.

Le gisement est constitué par des pyrites ferrugineuses et cuivreuses.

On y voit un filon de Pyrite de Fer cuivreux d'environ 2 mètres de puissance, minéralisé aux affleurements. Sa direction est sensiblement Est-Ouest (heure 6) et son inclinaison vers le Nord.

Les mines de Talhadas, situées à 11 kilomètres du gisement de Braçal, ne peuvent pas être passées sous silence.

Ce gisement, qui a été considéré d'abord comme un gisement de contact, les premiers travaux d'exploitation ayant été faits non loin de la limite du granite et des schistes micacés, est constitué par un énorme filon de Quartz dont les affleurements peuvent se suivre facilement sur 5 ou 6 kilomètres de longueur, du hameau de Pragua, à l'Ouest, à celui d'Avide, à l'Est, paroisse de Talhadas.

Ce filon coupe à peu près à angle droit le ruisseau de Santos, affluent de l'Alfusqueiro, qui va se jeter lui-même dans le Vouga, non loin de son embouchure.

La direction du filon est sensiblement E. 30° N. (heure 4) et son inclinaison 70° Nord-Ouest.

Le thalweg est du ruisseau de Santos appartient exclusivement aux schistes micacés qui disparaissent sous le trias, à environ 10 kilomètres à l'Ouest. Ces schistes ont une direction environ Nord-Ouest et des inclinaisons variables avec une tendance générale vers l'Est.

Le thalweg est du même ruisseau est également formé par les schistes micacés; mais à peu de distance, ceux-ci font place au granite, la ligne générale de contact ayant, à la superficie, une direction sensiblement parallèle à la direction des strates schisteux.

De nombreuses et puissantes interstratifications quartzeuses se font voir dans ces schistes micacés.

La minéralisation du filon paraît s'être concentrée sur les salbandes Nord et Sud (toit et mur) du filon de Quartz.

C'est du moins ce que l'on peut trouver dans les travaux exécutés dans le thalweg ouest; sur l'autre versant, on n'a travaillé jusqu'ici qu'au toit du filon de Quartz et l'on ignore encore si la métallisation du mur se poursuit de ce côté.

Une des particularités de ce gisement est la suivante :

Dans les schistes micacés, le minerai prédominant est la Chalcopyrite argentifère, fortement mélangée de Pyrite de Fer.

La Galène, la Blende, et peut-être le Nickel, ne se font voir que tout à fait accidentellement. La présence de l'Or aurait aussi été constatée dans le minerai.

Dès que le filon abandonne la zone schisteuse pour entrer dans la zone granitique, la métallisation change.

La Galène argentifère domine; la Chalcopyrite, avec accompagnement de Pyrite de Fer, ne paraît plus que rarement.

La gangue paraît être formée exclusivement par du Quartz, des fragments des schistes encaissants ou des granites décomposés.

Les travaux de recherche, qui n'ont pas encore atteint le niveau du fond de la vallée et se poursuivent dans deux mines voisines l'une de l'autre, ont reconnu le filon sur une longueur d'au moins 600 mètres, à savoir : 450 mètres dans les schistes et 150 mètres dans le granit.

Dans le voisinage de ce gisement, au Nord et au Sud, on voit émerger à la surface quelques pointements dioritiques dont l'alignement suit à peu près une direction Nord-Sud.

Des émissions dioritiques très importantes existent dans le district de Bragance.

Usages du Plomb.

Les usages du Plomb métallique sont fondés principalement sur ce qu'il est facilement laminable, tendre, dépourvu d'élasticité, dense (11, 35), inattaquable à l'acide sulfurique, fusible à basse température (vers 330°), etc. Il a l'inconvénient de s'altérer au contact des eaux et de donner des sels toxiques.

On l'emploie sous forme de feuilles servant à recouvrir les toits ou l'intérieur des réservoirs, de tuyaux pour conduites d'eau et de gaz, obtenus par compression et pouvant se plier à la main sans effort, de fils moins altérables que ceux de fer et faciles à couper pour les travaux du jardinage, de balles, de Plomb de chasse, de plaques pour électrodes et accumulateurs, etc. Comme toiture, il a deux défauts qui lui font préférer le Zinc : son poids et sa fusibilité (qui constitue un danger en cas d'incendie). On s'en sert également pour garnir les chambres destinées à la fabrication de l'acide sulfurique. Uni à l'Antimoine, il donne l'alliage des caractères d'imprimerie; avec l'Étain, additionné ou non de Bismuth, il compose des soudures diverses et des alliages fusibles.

L'oxyde de Plomb anhydre PbO constitue le Massicot et la Litharge, l'oxyde PbO, le Minium, dont les emplois sont à leur tour assez divers. Le Minium sert comme matière colorante; il fournit, à l'état de mélange avec la Céruse, un mastic destiné à luter les orifices des machines à vapeur; il entre surtout dans la composition du cristal, etc.

Le sulfate de Plomb est utilisé dans la fabrication des papiers peints, du vernis des cartes dites porcelaine, etc.

Le carbonate de Plomb, ou Céruse, donne une matière colorante d'un blanc très pur et très opaque, qui couvre bien, mais qui s'altère rapidement, et dont le maniement est toxique. En France, on l'a récemment prohibé à cause de ce dernier défaut. Aux États-Unis, on en produit environ 100.000 tonnes par an, tandis que la production de Minium est de 12.000 tonnes et celle de Litharge de 13.000 tonnes (1907). Les manufactures de Céruse exigent du Plomb spécialement pur, ne contenant pas plus de 0,003 °/₀ de Cuivre, Fer, Zinc et Bismuth, 0,005 d'Antimoine.

Le chromate de Plomb est également employé comme matière colorante.

CHAPITRE XI

OR

[illegible]

XI

OR

$Au = 197{,}2$

Minerais d'Or.

L'Or se rencontre généralement dans la nature à l'état libre, ce qui s'explique par le peu de stabilité de ses combinaisons; on trouve cependant des tellurures et des sulfures d'Or.

Tellurures d'Or.

La Sylvanite (Au, Ag) Te^2. Tellurure d'Or et d'Argent.

$$\text{Monoclinique} : mm = 62^{\circ}65'$$
$$p : h = 1000 : 660{,}50 \quad D = 522{,}01 \quad d = 852{,}93.$$
$$\text{Angle plan de } p = 62^{\circ}55'$$
$$\text{— — } m = 90^{\circ}21'$$
$$\begin{pmatrix} a : b : c = 1{,}63394 : 1 : 1{,}12653 \\ xz = 89^{\circ}35' \end{pmatrix}$$

Les cristaux de Sylvanite sont aplatis suivant g^1 (010) ou suivant o^1 (1001), fréquemment allongés parallèlement à b ou suivant une arête o^1g^1, ils sont plus souvent cristallitiques.

Ce minéral forme aussi des masses lamelleuses ou grenues; c'est sous cette forme seulement qu'il se rencontre dans la plupart des gisements.

Dureté : 1,5 à 2.

Densité : 7,9 à 8,3.

Gris d'acier à blanc d'argent, tirant sur le jaune, éclat métallique très brillant.

La Calavérite $AuTe^2$ est une tellurure d'Or avec traces d'Argent.

Teneur maximum en Or		42 °/₀
» »	Argent . . .	0,9 °/₀

Elle se trouve en filons dans les roches éruptives acides et basiques, telles que granites, diabases et andésites.

Couleur jaune métallique brillant.

Densité : 90,4.

En présence de la Pyrite, se décompose en tellurure de Fer et Or métallique.

Pyrites et Sulfures aurifères.

Ce sont les pyrites de Fer, les pyrites cuivreuses et les sulfures complexes de Fer, Zinc, Plomb, Arsenic, Antimoine, etc.

On observe que la teneur en Or de ces minerais est d'autant plus grande qu'ils sont eux-mêmes plus complexes.

Les sulfures aurifères sont généralement disséminés dans le Quartz, les quartzites et les schistes anciens.

On les dit réfractaires par opposition aux Quartz à Or libre qui sont relativement faciles à amalgamer.

La teneur des minerais aurifères est toujours faible; ainsi la fameuse mine de Callao passait aux pilons, à ses débuts, des minerais de 4 à 6,25 onces.

Or natif.

Quartz aurifères. — Ces minerais contiennent de l'or libre dans le quartz pur ou souillé d'oxydes résultant de la décomposition des sulfures.

Les quartz aurifères se trouvent en filons, ou en sable dans les dépôts alluvionnaires ou *placers*.

Dans les filons, le minerai riche est inégalement réparti en bandes, nids ou petits amas qui peuvent accidentellement représenter des richesses considérables.

Les plus riches mines connues n'ont jamais donné plus de quelques onces d'or à la tonne de minerais passés aux bocards.

L'or alluvionnaire est accompagné de sable noir, de nature diverse : Magnétite, Fer titané, Chromite, Wolfram, Platine, Cassitérite, Tourmaline, etc.

Limites d'exploitabilité.

Pratiquement, l'exploitation d'un minerai d'or peut commencer, suivant les points, à partir de 10 à 12 francs (3 à 4 grammes par tonne) pour un gisement d'or en place exceptionnellement propice; à partir de 6 à 7 francs pour une alluvion ne permettant pas l'emploi de la méthode hydraulique ou des dragues; enfin à 0 fr. 30 ou 1 franc quand on peut utiliser, dans les meilleures conditions, la méthode hydraulique.

Cela dépend naturellement tout à fait du pays où on trouve la mine, et les chiffres suivants, par leur diversité même, permettront d'en juger. Ainsi pour des mines de filons, dans l'Uruguay, on admettait un minimum de 70 francs. Au Callao (Venezuela), les conditions spécialement difficiles n'ont guère permis de travailler audessous de 70 francs d'or, et longtemps il en a fallu 100. Par contre, les chiffres donnés plus loin pour l'Australie montrent que l'on y travaille même sur des teneurs de 5 à 6 grammes. Pour les poches anticlinales de Bendigo, on admet 7 à 8 grammes sur 1 mètre d'épaisseur à 700 mètres de profondeur.

En pays européens, dans les Alpes, on a travaillé sans rien gagner jusqu'à 8 grammes d'or à la tonne (27 francs). A Pestarena (Piémont), on a couvert les frais avec 15 grammes (51 francs), en ayant une forte proportion de travaux de recherches. En Transylvanie, on admettait autrefois 60 francs; depuis l'introduction des moulins américains, on a pu descendre parfois à 30 francs.

Dans l'ensemble des États-Unis, la moyenne des frais est estimée à 30 francs. A Homestake, en Dakota, ces frais sont de 12 fr. 48; à l'Alaska Treadwell, de 10 fr. 40. Dans le Witwastersrand, ces mêmes frais moyens, qui déterminent la teneur utilisable, sont actuellement, avec une industrie largement organisée, mais avec une main-d'œuvre difficile et des impôts élevés, de 22 fr. 50.

En fait d'alluvions, pour les graviers recouverts de Ballarat (Australie), on compte 4 fr. 50 pour les sables, 9 francs pour les graviers cémentés à 150 mètres de profondeur.

En Nouvelle-Zélande, par la méthode hydraulique, on a prétendu travailler à raison de 0 fr. 30 au mètre.

De tels chiffres semblent, en moyenne, appelés à diminuer d'année en année, malgré l'accroissement de prix général de la main-d'œuvre, simplement par le fait que les procédés métallurgiques et mécaniques progressent et que les moyens de communication se développent. Il en résulte, suivant une remarque que nous avons déjà eu l'occasion de répéter bien souvent, un appauvrissement apparent de toutes les anciennes exploitations aurifères à mesure qu'elles se prolongent, simplement par le fait qu'elles deviennent susceptibles de traiter avantageusement des stocks de minerais pauvres restés d'abord au-dessous de la limite d'exploitabilité et, comme tels, rejetés autrefois dans le stérile.

Il ne faut pas confondre cette observation, comme on est souvent porté à le faire, avec la remarque d'ordre géologique que les gisements d'or, ayant pour laplupart subi un enrichissement superficiel, ont une tendance ordinaire et bien connue à s'appauvrir, ou même à disparaître en profondeur.

Gisements d'Or portugais.

Les mines d'or de *Vinhaes, Bragança et Montalegre-Tras-os-Montes* sont exceptionnellement riches.

Ces trois mines représentent plus de 1 million de tonnes à extraire avec une teneur moyenne de 20 grammes par tonne.

Des mines secondaires, situées dans les districts *de Villa Real et de Bragança*, ne laissent rien en richesse aux mines principales.

A França, les sondages et les calculs ont amené à conclure qu'il y avait encore 400.000 tonnes à extraire, avec une proportion moyenne de 19 gr. 5 d'or par tonne.

Parmi les gisements aurifères, beaucoup semblent être liés aux venues primaires.

A Ribeiro da Egrega (province *de Minho*, à 20 kilomètres de Porto) existe un filon encaissé dans les schistes siluriens sur 0m20 à 0m40 de large avec de la stibine à 2 grammes d'or par tonne.

A Rio Arda et Portal, des minerais analogues ont été l'objet d'essais d'exploitation.

Ces derniers gisements sont distants de 30 kilomètres à l'est de Porto et situés un peu au sud du Douro.

Dans la région d'Évora, on a découvert un gîte près de la station *de Casa Branca, à Prata*.

Les fissures de granulites y sont remplies de quartz et de stibine.

Gisements des colonies portugaises.

Colonie du Mozambique.

La colonie portugaise du Mozambique, dans toute sa partie Ouest, prolonge directement le Manicaland rhodésien.

Peffau a trouvé là des veines E.-W. intercalées dans les schistes, parfois légèrement obliques à leur direction, parfois aussi au contact du granite, veines dont aucune n'a pu donner lieu à des travaux sérieux.

Découlant de ce massif aurifère, la vallée du Revue est couverte d'anciens travaux, qui, nulle part, ne descendent jusqu'au bed-rock et les recherches récentes se sont bornées à des essais plus ou moins superficiels, qui ont continué à montrer la présence d'un peu d'or dans ces couches, sans en prouver l'exploitabilité.

D'après Küss, qui a été l'un des premiers à explorer cette région en 1881, l'or est dans des alluvions anciennes, formées de sables et cailloux, qui contiennent en moyenne 0 gr. 48 d'or au mètre cube, avec un maximum de 1 gr. 05 et un minimum de 0 gr. 017. L'argile sableuse, qui constitue au-dessus les alluvions modernes, est absolument stérile.

Küss, dans le même voyage, a également visité la région de Machinga, un peu au nord de Muschéna (nord de Tété), et là aussi les conclusions de son étude ont été négatives.

Le soubassement de la région, qui va du Pungwé au Zambèze et s'étend de là vers le Nord, est formé de gneiss, micaschistes, granites, granulites, porphyrites, diorites, avec lentilles de terrain houiller, comme dans le Plateau Central français, le tout recouvert par des grès rougeâtres de l'étage du Karoo.

Au Nord, vers Masinga (Machinga), il existe, dans les granulites, des veines de Quartz légèrement aurifère et ces mêmes granulites renferment ailleurs de la Molybdénite ou du Corindon. Les conditions de gisement sont analogues à celle de la Rhodésia, et se rapprochent également de celles de l'est de l'Égypte. Sur la rive droite du Zambèze, le cours du Mazoé présente de nombreuses marmites de géants. Küss, ayant fait vider quelques-unes de ces marmites, n'y a rencontré que de faibles traces d'or, avec du grenat, du fer oligiste et de la Magnétite.

Angola. — Dans la colonie portugaise de l'Angola, on a signalé, depuis longtemps, de l'or. Le pays est relativement salubre; mais les pluies forcent à interrompre tout travail, au moins du 16 février au 15 mai et du 1er octobre au 1er décembre.

En 1885, une société française s'était constituée pour exploiter les alluvions aurifères du Rio Lombigo, dans le district de Golungo Alto, à l'est de Loanda. La rivière actuelle coule sur des schistes anciens, paraissant contenir des veines de pyrite aurifère. Sur les 10 premiers kilomètres de son parcours, elle traverse un marécage ; mais vers Gongolæ, on a des graviers aurifères, recouverts par environ 5 mètres de terrain stérile et contenant surtout de l'or sur les 5 centimètres de la base. Il existe également un peu d'or sur un affluent de gauche du Lombigo, le R. Calumbo (Mina Massanga Monza).

Vers Huilla, à la hauteur de Mossamedes, on mentionne également de l'or.

Enfin, en 1899, on a retrouvé de l'or, plus au Sud, près de la frontière allemande, dans les sables de l'Okachitanda, un affluent de gauche de Kunéné, qui coule à travers des granites avec filons de quartz.

CHAPITRE XII

COMBUSTIBLES MINÉRAUX
CHARBONNAGES PORTUGAIS

XII

COMBUSTIBLES MINÉRAUX

Les combustibles minéraux sont les *lignites*, les *houilles* et l'*anthracite*. On les rencontre surtout dans les terrains *carbonifères*.

Tels sont la plupart des dépôts européens. On en trouve aussi dans les terrains *perméen*, *triasique* et *jurassique* (Chine, Japon, Australie et quelques régions des États-Unis); dans les terrains crétacé et tertiaire, partie à l'état de *lignite* (lignite tertiaire du Chili), partie à l'état de charbon plus ou moins bitumeux et même d'anthracite (États-Unis).

L'anthracite se rencontre presque toujours dans les formations très tourmentées et altérées (Californie, Nouveau Mexique, etc.).

Les autres combustibles naturels sont la tourbe, le pétrole et les schistes bitumeux.

Anthracite.

Noir, à reflets gris ou bronzés. Poussière noire de plombagine, cassure conchoïdale.

Densité : 1,30 à 1,75.

Dureté : 2 à 2,5.

Au chalumeau, rougit sans donner de flamme.

Inflexible, décrépite au feu.

Renferme très peu de matières volatiles et ne brûle que superficiellement.

On ne peut l'employer qu'en petits fragments.

S'enflamme vers 800° C.

Donne un coke pulvérulent et brillant.

Houille.

Noir luisant, éclat résineux, très fragile, cassure fibreuse ou feuilletée.

Poussière noir de fumée.

Se rencontre en couches plus ou moins stratifiées dans les schistes et les grès, quelquefois avec intercalation de strates calcaires.

Les principales impuretés sont les schistes, la Silice, la Pyrite, des oxydes de Fer, la Potasse, la Soude, etc.

Densité : 1,25 à 1,34.

Dureté : 2 à 2,5.

Au chalumeau, s'enflamme en dégageant une odeur bitumeuse, et s'éteint dès qu'on retire la flamme.

Les houilles dites grasses (caking coal) fondent et s'agglutinent; la houille grasse à longue flamme (cannel coal) constitue le charbon à gaz, enfin la houille grasse, mais à flamme courte, donne le coke métallurgique.

Composition et fusibilité des cendres de la houille. — Les cendres sont composées de silice, d'oxydes de Fer, Manganèse, Cuivre, titane, etc., de sulfates de Chaux, Baryte et Fer, de sulfures de Fer et de Calcium, de carbonates de Chaux et de Magnésie, de phosphates de Chaux et de Fer, etc.

Quelques charbons (Pérou, République Argentine, par exemple) donnent des cendres qui renferment jusqu'à 25 °/₀ de leur poids en oxyde de vanadium avec de petites quantités de zircon, platine et argent.

Le degré de fusibilité des cendres, et par suite leur tendance à encrasser les grilles des foyers, dépend de leur composition.

Il se forme par fusion des silicates de Fer, de Chaux, de Magnésie et surtout d'Alumine.

Une cendre est d'autant moins fusible que le rapport de la Silice à l'Alumine qu'elle contient est plus faible et celui de l'Alumine aux autres bases plus considérable.

Classification industrielle des houilles.

DÉNOMINATION	MATIÈRES VOLATILES	PROPRIÉTÉS	USAGES
	P. 100		
Houille quart grasse	11 à 13	Flamme courte sans fumée.	Pour les combustions lentes et de longue durée : fours à chaux, à briques, etc.
Houille demi-grasse	14 à 17	Peu de fumée, brûle en faisant la *griffe*, friable.	Spécialement pour produire la vapeur. Donne 8 à 9 kilos de vapeur.
Houille trois quarts grasse ...	18 à 23	Flamme courte, légère fumée.	Charbons à coke. Mêmes emplois industriels que les demi-grasses.
Charbons gras bitumeux	23 à 28	Très durs, s'agglutinent fortement et tiennent bien au feu.	Charbons de forges. Pour forges, verreries, fours métallurgiques, locomobiles, etc., et pour production de vapeur.
Charbons gras à longue flamme.	28 à 34	Riches en gaz, s'allument facilement, s'agglutinent au feu.	Charbons à gaz et à coke. Pour fours industriels et métallurgiques. Pour gazogènes à gaz riches.
Charbon Flénu	34 à 38	Flambant sec, ne s'agglutine pas au feu et donne une belle flamme.	Pour fours à porcelaine et foyers domestiques.

Exemple :

	Silice.	Alumine.	Autres bases.
	—	—	—
Cendre peu fusible......	100	40 à 42	16 à 24
Cendre très fusible......	100	28 à 37	27 à 40

Puissance calorifique des houilles. — On calcule approximativement la puissance calorifique P d'une houille dont on connaît les teneurs en eau E et en cendre C par la formule suivante :

$$Q = 70\,(100 - (E + C)).$$

3.000 calories équivalent à 1 cheval-heure.

Conservation des houilles. — Dans l'eau, la houille conserve à peu près tout son pouvoir calorifique ; exposée à l'air, elle en perd, au contraire, de 2 à 10 °/₀, mais au bout de sept à huit mois, elle reste indemne.

L'emmagasinement sous hangar ne présente quelque intérêt que si la houille contient beaucoup de pyrite.

Lignite. — Couleur plus ou moins brune, éclat cireux, texture ligneuse, poussière brune.

Densité : 0,5 à 1,25.

Dureté : 1 à 2,5.

Au chalumeau, donne une flamme longue, fuligineuse, à odeur désagréable et continue ; à brûler quand on le retire du feu.

S'enflamme vers 310 ou 320° C.

S'emploie seul dans les fours de calcination, et mélangé avec l'anthracite pour les autres usages industriels.

Avec une faible proportion de houille demi-grasse, on obtient des agglomérés de lignite d'un emploi très répandu.

Mélangé avec 30 °/₀ de résidus de pétrole, le lignite donne un combustible vaporisant autant d'eau que le charbon de Cardiff et employé pour les locomotives en Russie et en Roumanie.

Les pays où manque le bon charbon utilisent leurs lignites dans les fours métallurgiques.

Le lignite donne un coke pulvérulent, rarement brillant. Chauffé avec une solution de potasse à 10 °/₀, le lignite donne une liqueur brune; il se différencie ainsi des houilles qui, dans les mêmes circonstances, laissent le liquide incolore.

Se rencontre en dépôts alternant avec des sables et des marnes, dans le crétacé et plus généralement dans le tertiaire (miocène et oligocène).

Variétés : Le Jais, le lignite très dur qui se taille à facettes comme les pierres précieuses.

La terre d'ombre ou de Cologne qui est un lignite terreux.

Examen des combustibles minéraux.

La puissance calorique d'un combustible dont on connaît la composition en carbone, hydrogène et oxygène, se calcule par la formule de Mahler :

$$Q = \frac{8.140\ C + 34.500\ H - 3.000\ (O + Az)}{100}$$

On peut aussi la déterminer avec une approximation suffisante par la méthode suivante due à Berthier :

On mélange dans un creuset 1 gramme de combustible à essayer avec 40 à 50 grammes de Litharge, on recouvre le tout avec 20 grammes de Litharge puis avec du Borax ; on lute et on chauffe au rouge pendant dix minutes. On recueille le Plomb fondu dans le creuset, on le pèse, et de son poids p on déduit pour valeur du pouvoir calorifique :

$$Q = 237{,}60\ p$$

Pour faire l'essai complet d'un combustible, on procède sur 5 grammes de la matière, aux recherches ou déterminations suivantes :

1° *Examen physique* :

Porosité ;
Compacité ;
Fracture ;
Facilité d'inflammation ;
Odeur dégagée à l'inflammation ;
Combustion simple ou avec décrépitation.

2° *Humidité :*

Par perte de poids après dessiccation à 100 : C.

3° *Densité :*

Au moyen de pesées p et p' dans l'air et dans l'eau.

$$D = \frac{p}{p - p'}$$

4° *Matières volatiles :*

Par chauffage en creuset fermé jusqu'à disparition de toute flamme; la perte de poids donne le poids des matières volatiles et de l'humidité.

5° *Coke :*

Le résidu de l'opération précédente donne le poids du coke. Celui-ci peut être plus ou moins collé, pulvérulent, fritté, brillant, terne, etc.

6° *Cendres :*

Le coke bien pulvérisé est chauffé au moufle avec accès d'air jusqu'à ce que la couleur noire ait disparu; le résidu représente la proportion de cendres.

7° *Carbone fixe :*

La proportion de carbone fixe est donnée par la différence de poids entre le coke et les cendres.

Les teneurs en charbon, matières volatiles et cendres déterminent la valeur industrielle d'un combustible.

Qualités d'un charbon industriel.

Un bon charbon pour production de vapeur doit contenir peu d'eau, 8 °/₀ de cendres au maximum et 20 à 22 °/₀ seulement de matières volatiles; son pouvoir calorifique est, dans ces conditions, d'environ 8 000 calories.

Un excès d'eau diminue la proportion de matière utile et emprunte en pure perte de la chaleur pour la volatiliser.

Les cendres sont un produit inerte qui prend des calories pour se scarifier.

Enfin, on a constaté que l'utilisation d'un combustible qui renferme plus de 22 °/₀ de matières volatiles devient plus difficile dans les foyers à grilles.

Pour les calculs relatifs à la production ou à la consommation de vapeur, il convient de ne compter que 8.000 calories pour l'anthracite et 7.500 pour la houille.

Production des combustibles minéraux en milliers de tonnes.

PAYS	1895	1900	1914	1921
États-Unis	177.595.679	240.965.917	630.480.000	870.333.000
Grande-Bretagne	194.350.604	225.181.300	467.828.000	633.421.000
Allemagne	103.957.639	147.147.558	405.542.000	704.200.000
Autriche-Hongrie	27.250.000	32.673.249	59.875.000	30.320.000
France	28.236.039	33.270.385	47.000.000	52.000.000
Belgique	20.414.849	22 976.700	23.824.000	31.000.200
Japon	4.843.936	7.420.000	10.534.000	23.241.000
Portugal et Espagne	1.974.560	2.903.041	4.700.000	6.230.000

Composition de quelques charbons.

PROVENANCES		CHARBON	MATIÈRES VOLATILES	CENDRES
Anthracite de Pensylvanie		86,50	7,60	5,90
Commentry	I	60,00	34,00	6,00
	II	82,72	17,00	0,28
Blanzy		76,48	21,24	2,28
Creusot		65,40	31,20	3,40
Bassin du Gard	I	59,50	26,60	13,90
	II	71,30	21,60	7,10
Lignite du Portugal		48,00	39,00	6,00
Lignite du Var		49,30	46,80	3,90
Houilles de Mons	Charbon de forge	71,80	23,30	5,20
	Charbon dur	65,30	33,00	1,70
	Flénu	58,50	38,00	3,00
Newcastle	I	76,80	18,60	5,40
	II	82,00	12,70	5,00
	III	87,95	10,65	1,40
Pays de Galles	I	80,40	16,60	3,00
	Cardiff	77,70	19,60	2,70
Portugal		77,60	21,30	2,45
Tourbe noire desséchée		35 à 40	55 à 60	5 à 10

Charbonnages portugais.

Deux grands charbonnages se font, en ce moment, remarquer au Portugal par les moyens mis en œuvre pour leur exploitation et les ressources des gisements, ce sont les mines *du Cabo Mondego et de S. Pedro da Cova.*

Les mines *du Cabo-Mondego* se trouvent à proximité de l'Océan Atlantique, entre *Alfarellos et Figueira-Foz.*

Ces charbonnages voisinent avec d'importantes carrières de carbonate de chaux dont l'exploitation parallèle avec celle du charbonnage assure une prospérité toute spéciale.

Des usines ont été édifiées pour la fabrication du ciment et de la chaux hydraulique. A l'heure actuelle, on y termine l'installation d'une verrerie et d'une fabrique de céramique, afin d'utiliser la silice du sable qui est à proximité et l'argile des terrains de la région.

Le rendement du charbonnage atteint en ce moment 5.000 tonnes, mais sera doublé sous peu et pourra même dépasser 15.000 tonnes.

La production de la chaux hydraulique est de 40 tonnes par jour. Celle du ciment est de 10 tonnes.

La qualité du charbon *des mines du Cabo-Mondego* est égale à celle du Cardiff, bien qu'étant d'une formation géologique peu récente. Il appartient au type des houilles jurassiques.

Le charbon des mines *de S. Pedro de Cova* appartient au type des anthracites. Il est donc de formation géologique plus ancienne que celui *du Cabo Mondego* et renferme moins de matières volatiles.

Ce charbonnage couvre une superficie de 140 hectares.

Dans la partie basse de la concession sont installés les ateliers de préparation, la centrale électrique.

L'extraction se fait à ciel ouvert et par galeries.

La production est calculée à 15.000 tonnes et on prévoit une augmentation pouvant aller jusqu'à 30.000 tonnes.

L'épaisseur du gisement atteint en certains endroits 22 mètres.

CHAPITRE XIII

ESSAIS DES MINERAIS

XIII

ESSAIS DES MINERAIS

Prélévements d'échantillons.

L'analyse des minerais se fait au moyen d'échantillons prélevés en quantités d'autant plus importantes que la matière a plus de valeur.

Quand un minerai est déchargé d'un navire, par exemple, on prélève une heure sur quatre ou cinq, au fur et à mesure de la mise à quai. C'est le cas des minerais de fer.

Pour les minerais riches, on les concasse d'abord en morceaux de la grosseur d'une noix, puis on charge à la pelle sur des brouettes ou wagonnets en mettant de côté une pelletée sur dix, ou cinq seulement, selon la richesse.

La proportion ainsi prélevée est amassée en un tas circulaire dont on diminue le diamètre en recueillant à la pelle les bordures qu'on rejette vers le centre. On forme un cône de 15 à 20 centimètres de hauteur; celui-ci est divisé en quatre quartiers égaux, dont deux, diamétralement opposés, sont enlevés à la pelle.

Le restant est reformé en tas que l'on divise de nouveau en quartiers, et ainsi de suite jusqu'à ce que la masse totale soit réduite à la capacité d'une ou de deux brouettées.

On pulvérise alors aussi finement que possible et, comme précédemment, on procède à la division et à la séparation par quartiers, jusqu'à réduction à un volume de 3.000 cc. qui servent, finalement, à l'analyse et aux vérifications contradictoires.

Quand le minerai est pulvérisé et vendu en sacs, on prélève un échantillon dans un certain nombre de sacs pris au hasard, au moyen d'une sonde qu'on plonge successivement par les quatre angles du sac en la dirigeant en diagonale vers l'angle opposé; tous les prélèvements sont ensuite mélangés et on en sépare une quantité suffisante pour remplir trois flacons de 500 cc. qui sont cachetés et scellés.

On emploie depuis quelques années des appareils automatiques à échantillonner et la pelle échantillonneuse de Brunton.

Celle-ci est une grande pelle de 25 à 30 centimètres de largeur, divisée en trois compartiments : deux latéraux ouverts à leurs extrémités et le troisième central qui forme comme une boîte ouverte par un bout. On l'emploie de la manière suivante :

On l'introduit dans le tas de minerai pulvérisé, et en la relevant, on l'oblique rapidement de façon à faire tomber le contenu des deux compartiments latéraux; le minerai vidé dans le compartiment central est mis à part. On recommence l'opération et on la continue jusqu'à ce qu'on ait prélevé la totalité de l'échantillon nécessaire aux analyses.

Les échantillonneurs mécaniques reçoivent le minerai broyé à leur partie supérieure, et celui-ci, en traversant l'appareil, est divisé en plusieurs jets. En répétant l'opération, on arrive à séparer la quantité voulue d'échantillon.

Les appareils les plus connus sont ceux de Brunton, de Bridgeman, de Mac-Dermott et de Constant, très employés aux États-Unis.

Essais des minerais.

Les essais se font mécaniquement ou chimiquement.

Les essais mécaniques portent sur les minerais alluvionnaires et quelques minerais complexes préalablement pulvérisés; ils consistent en un enrichissement par lavage à la batée ou dans un petit appareil de laverie.

Les essais chimiques ne peuvent s'effectuer qu'au laboratoire sur des échantillons finement broyés et passés au tamis.

Le numéro d'un tamis indique le nombre de fils qu'on y compte sur une longueur d'un pouce.

Pouce français...............	27,07 millimètres.
Pouce allemand..............	26,15 »
Pouce américain.............	25,40 »

Un tamis français n° 100 est un 96 en Allemagne et 92 en Angleterre et aux États-Unis.

Sensiblement, les fils de la chaîne (en long) sont très régulièrement espacés, ceux de la trame (en travers) le sont moins.

Si le nombre des fils n'est pas le même dans les deux sens, le numéro en indique la moyenne; ainsi un tamis 80 peut avoir 85 fils dans un sens et 75 dans l'autre.

Dimensions moyennes des tamis fins.

	ÉCARTEMENT entre LES FILS	ÉPAISSEUR TOTALE des fils par pouce	LARGEUR TOTALE des intervalles par pouce	DIAMÈTRE DES FILS	RÉSISTANCE DES TOILES
	m/m	m/m	m/m	m/m	kg
30	0,567	10	17	0,333	4,30
40	0,425	10	17	0,250	
50	0,340	10	17	0,200	
60	0,283	10	17	0,167	3,10
70	0,243	10	17	0,143	
80	0,212	10	17	0,125	
90	0,189	10	17	0,111	2,66
100	0,170	10	17	0,100	
110	0,154	10	17	0,099	
120	0,142	10	17	0,083	2,45
130	0,131	10	17	0,077	

Le numéro du tamis ne donne qu'approximativement le degré de finesse de la poudre criblée, car le diamètre des fils varie; aussi dans les tamis fins n°s 80 à 100, le degré de finesse peut varier du simple au double.

La raison en est qu'on se préoccupe surtout de la résistance des toiles métalliques; pour les numéros élevés, on a cherché à remplacer le laiton par l'acier, mais celui-ci se rouille, ou par le bronze phosphoreux qui est plus coûteux.

On précise davantage en indiquant le nombre de mailles d'un tamis par pouce carré ou par centimètre carré.

Pouce carré français	732	millimètres carrés.
Pouce carré allemand	684	»
Pouce carré américain	642	»

Dans les tamis fins, nos 200 à 250 par exemple, c'est-à-dire à 200 ou 250 mailles dans un pouce carré, on ne distingue plus les trous sans le secours de la loupe.

Évaluation des teneurs de minerais.

Au laboratoire, l'évaluation de la teneur d'un minerai se fait sur un échantillon préalablement desséché à la température de 100° C ou 212° F., et l'humidité constatée est toujours déduite du poids livré à l'acheteur, sauf stipulation contraire dans le contrat de vente.

On a quelquefois intérêt à évaluer rapidement, avec une approximation relative, la teneur des principaux éléments d'un échantillon.

Supposons le cas d'un minerai contenant deux éléments dont on désire connaître les poids approximatifs p *et* p', les densités respectives étant d *et* d'. On échantillonne un poids P dont on détermine la densité D par pesées à l'air et dans l'eau, et l'on a :

$$P = p + p'$$
$$\frac{P}{D} = \frac{p}{d} + \frac{p'}{d'}$$

D'où l'on déduit :

$$p = \frac{Pd\,(d' - D)}{D\,(d' - d)} \qquad p' = \frac{Pd'\,(d - D)}{D\,(d - d')}$$

S'il y a plus de deux éléments, on fait une élimination au moyen de dissolvants par exemple, ou par grillage ou calcination de façon à réduire les éléments au nombre de deux.

Exemple. — *Cas d'une blende-pyrite-galène.*

On grille, puis on sépare à l'aimant l'oxyde de fer magnétique qui s'est formé et que l'on pèse. On en déduit le poids de la pyrite et, par différence, le poids de la blende-galène; on peut ensuite appliquer les formules précédentes.

Echelle de fusibilité des minéraux.

COEFFICIENT	CARACTÈRE	MINÉRAL TYPE
1	Fond facilement à la flamme d'une bougie.	Stibine, anglésite, bismuthine, cryolite.
2	Fond en petites parcelles à la flamme d'une bougie.	Natrolite (mésotype, gypse, chalcosine, borax, azurite).
3	Fond facilement au chalumeau.	Almandine, anorthite, wolfram, anhydrite, grenat, augite, pyrite.
4	Fond difficilement en gros morceaux au chalumeau.	Actinote, trémolite, amphibole, diallage, oligoclase, tourmaline.
5	Fond difficilement en petites parcelles au chalumeau.	Orthose, néphrite, biotite, blende, magnésite, schélite.
6	Traces de fusion au chalumeau.	Bronzite, calamine.
7	Infusible.	Quartz, molybdénite, calcite, chromite, cassitérite.

Échelle de dureté des minéraux (Mohs).

COEFFICIENT	CARACTÈRE	MINÉRAL TYPE
1	Rayé par l'ongle; presque tendre	Talc.
2	Rayé par l'ongle.	Gypse, sel gemme.
3	Rayé facilement par le verre.	Calcite.
4	Rayé par le verre.	Fluorine cristallisée.
5	Rayé par l'acier.	Apatite cristallisée.
6	Difficilement rayé par l'acier.	Orthose, variété clivable.
7	Non rayé par l'acier; raie le verre.	Quartz.
8	Non rayé par l'acier; raie le verre.	Topaze.
9	Non rayé par l'acier; raie le verre.	Corindon, saphir.
10	Non rayé par l'acier; raie le verre.	Diamant.

Minéraux qui décrépitent quand on les chauffe.

Anglésite.	Gypse.
Aragonite.	Malachite.
Barytine.	Polybasite.
Blende.	Samarskite.
Boumonite.	Sel gemme.
Calamine siliceuse (Willemite).	Sidérose.
Cérusite.	Wulfénite.
Chalcopyrite.	Zinkénite.
Fluorine.	

Minéraux décolorés par la chaleur.

Azurite, de bleu devient..................	noir.
Amazonite, de vert devient................	gris.
Apatite, de blanc devient.................	incolore.
Calcite, de blanc devient.................	opaque.
Celestine, de bleu devient................	incolore.
Dioptase, de vert devient.................	opaque.
Erubescite, de rouge devient..............	noir.
Grenat noir, de noir devient..............	vert.
Fluorine, de violet devient...............	incolore.
Hématite, de rouge devient................	brun foncé.
Limonite, de brun devient.................	rouge.
Malachite, de vert devient................	noir.
Topaze, de jaune devient..................	rose violacé.
Turquoise, de bleu devient................	noir.
Zircon, de rouge devient..................	incolore.

Densités des roches et des gangues.

Argiles..................................	1,70-2,60
Barytine.................................	4,48-4,72
Basaltes.................................	2,42-3,10
Diallogite...............................	3,55-3,66
Fer spathique............................	3,83-3,88
Fluorine.................................	3,14-3,19
Giobertite...............................	2,99-3,15
Grès.....................................	2,19-2,65
Grès quartzeux (grauwakes)...............	2,55-2,65
Gypses...................................	2,17-2,33
Halloysites..............................	1,92-2,12
Hématite rouge...........................	5,30
Limonites................................	3,60-4,00
Magnétite................................	4,95-5,20
Micaschistes, talcschistes, chloritoschistes..	2,50-2,70

Quartz, silice, quartzite		2,65
Schiste argileux		2,82
Sel gemme		2,26
Syénites		2,63-2,75
Trachytes		2,70-2,80
Calcaires	Aragonite	2,93
	Calcite	2,72
	Dolomie	2,83-2,94
	Marbres calcaires	2,65-2,75
	Marbres dolomitiques	2,82-2,85
	Pierres calcaires (en poudre)	2,60-2,70
Silicates	Amphiboles	3,04-3,59
	Andalousite	3,15
	Diorites	2,80-3,10
	Chlorites	2,65-2,95
	Feldspaths	2,50-2,75
	Gneiss	2,60-2,75
	Granites	2,63-2,75
	Kaolin	2,21-2,26
	Porphyres	2,61-2,94
	Pyroxènes	3,20-3,50
	Serpentine	2,50-2,66
	Talc, stéatite	2,71
	Zircon	4,07-4,67
Terre argileuse		1,60-1,70
Terre végétale		1,20-1,30
Sable fin		1,80-2,00
Sable de rivière		1,70-1,80

Densités comparées de minéraux et minerais.

Oxydes	1,48-8,10
Silicates hydratés	1,20-5,22
Silicates anhydres	2,30-4,67
Antimoniures	7,54-9,80
Arséniures	6,40-8,26
Chlorures	1,90-7,10
Fluorures	2,96-4,70
Iodures	5,67-5,70
Sulfo-antimoniures	4,62-6,50
Sulfo-séléniures	7,10-8,00
Sulfo-arséniures	4,36-6,37
Sulfo-tellurures	6,68-8,71
Sulfures	3,46-8,20
Tellurures	7,55-8,90

Densités des corps gazeux les plus usuels.

Air atmosphérique........................	1,293
Acide carbonique........................	1,529
Ammoniaque........................	0,596
Azote........................	0,972
Gaz d'éclairage........................	0,480-0,570
Gaz des hauts fourneaux........................	1,300-1,350
Grisou........................	0,559
Hydrogène........................	0,069
Hydrogène protocarboné (Methane)........	0,559
Hydrogène bicarboné........................	0,978
Oxyde de carbone........................	0,967
Oxygène........................	1,106

Tableau pour les calculs de minerais.

CORPS SIMPLES ET LEURS COMPOSÉS	ÉLÉMENT à calculer	VALEUR de L'ÉLÉMENT en centièmes
Aluminium.		
Al^2O^3............	Al^2	0,53279
Ammonium.		
AzH^4Cl............	AzH^3	0,31866
$(AzH^4)^2So^4$.........	AzH^4OH	0,65511
	$2AzH^3$	0,25804
	$(AzH^4)^2O$	0,39427
Antimoine.		
Sb^2O^3............	Sb^2	0,83366
Sb^2S^3............	Sb^2	0,71377
Argent.		
$AgCl$............	Ag	0,75271
AgI............		0,45971
Ag^2S............	Ag^2	0,37065
Arsenic.		
As^2S^3............	As^2	0,60959
As^2O^3............	As^2	0,75780
Baryum.		
$BaSo^4$............	Ba	0,58808
	BaO	0,65689
$BaCo^3$............	Ba	0,69565
	BaO	0,77681

CORPS SIMPLES ET LEURS COMPOSÉS	ÉLÉMENT à calculer	VALEUR de L'ÉLÉMENT en centièmes
Bismuth.		
Bi^2S^3............	Bi^2	0,81405
Bi^2O^3............	Bi^2	0,89767
Bore.		
Bo^2O^3............	Bo^2	0,31483
Calcium.		
CaO............	Ca	0,71430
$CaSo^4$............	Ca	0,29400
	CaO	0,41165
$CaCo^3$............	Ca	0,40000
	CaO	0,56000
Carbone.		
Co^2............	C	0,2727
Cobalt.		
CoO............	Co	0,7859
Chrome.		
Cr^2O^3............	Cr^2	0,68640
Cuivre.		
Cu^2S............	Cu^2	0,79834
CuO............	Cu	0,79864

CORPS SIMPLES ET LEURS COMPOSÉS	ÉLÉMENT à calculer	VALEUR de L'ÉLÉMENT en centièmes
Étain.		
SnO^2	Sn	0,78680
Fer.		
Fe^3O^4	Fe^3	0,72417
Fe^2O^3	Fe^2	0,70016
Fe^7S^8	Fe^7	0,60500
FeS^2	S	0,5333
Magnésium.		
MgO	Mg	0,60000
$MgSo^4$	Mg	0,19990
	MgO	0,33350
Manganèse.		
MnO^2	Mn	0,6313
MnO	Mn	0,97465
Mn^2O^3	Mn^2	0,69596
	2MnO	0,89865
Mn^3O^4	Mn^3	0,72029
$MnCo^3$	MnO	0,61670
$MnSiO^3$	MnO	0,54147
Mercure.		
Hg^3	Hg	0,86202
HgO	Hg	0,92603
Molybdène.		
MoS^2	Mo	0,5901
MoO^2	Mo	0,75008
Nickel.		
NiO	Ni	0,78595
$NiSo^4$	Ni	0,37948
	NiO	0,48284
Phosphore.		
P^2O^5	P^2	0,43692
$Ca^3P^2O^8$	P^2O^5	0,458

CORPS SIMPLES ET LEURS COMPOSÉS	ÉLÉMENT à calculer	VALEUR de L'ÉLÉMENT en centièmes
Plomb.		
PbS	Pb	0,86584
	$PbSo^4$	1,26781
PbO	Pb	0,92872
$PbSo^4$	Pb	0,68320
	PbO	0,73576
Potassium.		
K^2O	K^2	0,83029
KCl	K	8,52466
K^2So^4	K^2	0,44893
	K^2O	0,54072
Silicium.		
SiO^2	Si	0,46729
Sodium.		
Na^2O	Na^2	0,74233
NaCl	Na	0,39393
Na^2So^4	Na^2	0,32426
	Na^2O	0,43681
Na^2Co^3	Na^2	0,43442
	Na^2O	0,58528
Strontium.		
SrO	Sr	0,84539
$SrSo^4$	Sr	0,47665
	SrO	0,56381
$SrCo^3$	Sr	0,59300
	SrO	0,70173
Tungstène.		
Wo^3	W	0,79315
Zinc.		
ZnS	Zn	0,66969
ZnO	Zn	0,80263

Tableau des symboles, poids atomiques, poids spécifiques, points de fusion et points d'ébullition des corps simples.

CORPS SIMPLES	SYMBOLES	EQUIVALENT	POIDS ATOMIQUES O = 16	DENSITÉS	POINTS de fusion en centigrades	POINTS d'ébullition en centigrades
Aluminium.........	Al	13,55	27,10	2,56	625	»
Antimoine.........	Sb	120	120	6,70	432	»
Argent.............	Ag	107,92	107,92	10,53	954	»
Arsenic............	As	75	75	5,63 à 5,96	210	412
Azote..............	Az	14	14	»	»	»
Baryum.............	Ba	68,70	137,40	4,00	»	»
Bismuth............	Bi	208,50	208,50	7.677 à 9,935	268,3	»
Bore...............	Bo	11	11	2,68	»	»
Brome..............	Br	79,96	79,96	2,966	— 7	50,3
Cadmium............	Cd	112,40	112,40	8,45	320	770
Calcium............	Ca	20	40	»	»	»
Carbone............	C	6	12	Diamant, 3,52 Graphite, 2,33	» »	» »
Chlore.............	Cl	35,45	35,45	2,69	— 75	— 33
Chrome.............	Cr	26,05	52,10	6,20 à 7	»	»
Cobalt.............	Co	29,50	59	8,48 à 8,90	1050 à 1200	»
Cuivre.............	Co	31,80	63,60	8,95	1054	2100
Étain..............	Sn	59,50	119	7,29 à 7,37	232,7	1600 à 1800
Fer................	Fe	28	56	7,79	fonte 1050 à 1200 acier 1300 à 1400	
Fluor..............	Fl	19	19	»	»	»
Hydrogène..........	H	1,01	1,01	1 litre 0,089 gr.	»	»
Iode...............	I	126,97	126,97	4,95	107	187
Iridium............	Ir	96,50	193	21,15	»	»
Lithium............	Li	7	7	0,594	180	»
Magnésium..........	Mg	12,20	24,40	1,70 à 1,87	230 à 235	»
Manganèse..........	Mn	27,50	55	8,03	1200 à 1500	»
Mercure............	Hg	100	200	13,60	— 37,3	357
Malybdène..........	Mo	48	96	8,56	»	»
Niobium............	Nb	47	94	6,67 à 7,37	»	»
Nickel.............	Ni	29,35	58,70	8,49 à 9,50	1450	»
Or.................	Au	98,60	197,20	19,26	1045	»
Oxygène............	O	8	16	1 litre = 1,23 gr.	»	»
Phosphore..........	P	31	31	1,8 à 2,1	44	»
Platine............	Pt	97,40	194,80	21,15	1775	»
Plomb..............	Pb	103,45	206,90	11,44	336,2	1040

CORPS SIMPLES	SYMBOLES	EQUIVALENT	POIDS ATOMIQUES O = 16	DENSITÉS	POINTS de fusion en centigrades	POINTS d'ébullition en centigrades
Potassium	K	39,15	39,15	0,865	62,5	»
Selenium	Se	39,60	79,20	4,28 à 4,8	217	665
Silicium	Si	28,40	28,40	2,49	»	»
Sodium	Na	23,05	23,05	0,972	96	»
Soufre	S	16	32,06	1,97 à 2,07	113,6	448
Strontium	Sr	43,80	87,60	2,54	»	»
Tantale	Ta	91,50	183	10,78	»	»
Tellure	Te	63,80	127	6,18	525	»
Thallium	Tl	204,10	204,10	11,81	290	»
Thorium	Th	232,50	235,50	»	»	»
Titane	Ti	24,05	48,10	»	»	»
Tungstène	W	92	184	17,1 à 18,3	»	»
Uranium	U	238,50	238,50	18,4	»	»
Vanadium	V	51,20	51,20	5,5	»	»
Zinc	Zn	32,70	65,40	7,13 à 7,15	433	930

Recherche du métal dans un minerai.

Dans une solution peroxydée et concentrée du minerai, on ajoute un centimètre cube d'acide chlorhydrique.

- Il se produit un précipité.
  - Blanc, caillebоté, noircissant à la lumière, soluble dans l'ammoniaque .... **Argent.**
  - Grenu, lourd, insoluble dans l'ammoniaque, soluble dans la potasse .... **Plomb.**
- Il ne se produit pas de précipité. On fait passer un courant d'hydrogène sulfuré.
  - Il y a un précipité. On rend la liqueur ammoniacale et on ajoute un excès de sulfure d'ammonium.
    - Le précipité de sulfure ne se dissout pas. Ce précipité était
      - Jaune .... **Cadmium.**
      - Noir, soluble dans l'acide azotique en donnant une liqueur bleue.................. **Cuivre.**
      - Noir, soluble dans l'acide azotique ; la liqueur diluée avec de l'eau donne un dépôt blanc.................. **Bismuth.**
      - Noir, insoluble dans l'acide azotique, soluble dans l'eau régale.. **Mercure.**
    - Le précipité de sulfure se dissout. Ce précipité était
      - Jaune serin, floconneux.................. **Arsenic.**
      - Orangé .... **Antimoine.**
      - Brun noir. Calciné, il donne une poudre jaune métallique...... **Or.**
      - Brun noir. Calciné, il donne une poudre grise métallique. ..... **Platine.**
      - Brun noir. Calciné, il donne une poudre blanche .... **Étain.**
  - Il n'y a pas de précipité. On rend la liqueur ammoniacale et on ajoute du sulfure d'ammonium.
    - Il y a un précipité.
      - Blanc. La liqueur primitive additionnée d'ammoniaque donne un précipité blanc
        - Soluble dans excès réactif. **Zinc.**
        - Insoluble dans excès réactif .... **Aluminium.**
      - Rose chair .... **Manganèse.**
      - Verdâtre.................................... **Chrome.**
      - Noir. La liqueur primitive additionnée de potasse donne un précipité
        - Rouille...... **Fer.**
        - Vert pomme. **Nickel.**
        - Bleu violacé . **Colbalt.**
    - Il n'y a pas de précipité. On ajoute du carbonate de sodium.
      - Il y a un précipité. On ajoute du sulfate de magnésium.
        - Pas de précipité.................. **Magnésie.**
        - La liqueur primitive rendue acétique et additionnée de chromate de potassium donne..................
          - Précipité jaune grenu........ **Baryum.**
          - Pas de précipité. **Calcium.**
      - Il n'y a pas de précipité. On ajoute du bichlorure de platine.
        - Pas de précipité.................. **Sodium.**
        - Précipité jaune cristallisé. La liqueur primitive est additionnée de potasse et on chauffe.
          - Dégagement de gaz ammoniac .... **Ammoniaque.**
          - Pas de dégagement.................. **Potassium.**

Essais au chalumeau.

On peut se servir d'une simple bougie dont la flamme soufflée fournit une région oxydante et une région réductrice.

On fait d'abord les essais suivants :

Au tube fermé, pour reconnaître si la substance est hydratée, fusible, si elle décrépite, si elle change de couleur.

Au tube ouvert, pour observer les dégagements gazeux, S, As, etc., etc.

L'emploi du chalumeau comporte des essais au bloc de charbon de bois et au fil de platine avec borax pour former des perles colorées.

1° *Essai au charbon avec carbonate de soude et flamme réductrice.* — On obtient :

a) Une auréole sans globule :

Blanche avec odeur d'ail........................	As.
Jaune à chaud, blanche à froid................	Zn.
Jaune brun à froid............................	Cd.

b) Une auréole et un globule :

Enduit blanchâtre, globule blanc.............	Sn.
Enduit jaune, globule gris....................	Pb.
Enduit jaune, globule jaunâtre cassant........	Bi.
Enduit blanc laiteux, globule blanc cassant....	Sb.

c) Un globule sans enduit :

Rouge, noircissant par oxydation.............	Cu.
Vert..	Mn.

2° *Perles de borax :*

a) A la flamme oxydante :

Perle jaune clair.............................	Ag.
Perle vert bleu...............................	Cu.
Perle bleue...................................	Co.
Perle jaune à chaud, incolore à froid.........	Mo, Ti, Va, Sb, Pb, Bi.
Perle rouge brun à chaud, incolore à froid....	Fe, Ni.
Perle violette à chaud, noirâtre à froid.......	Mn.

Un certain nombre de minerais ou minéraux ne donnent jamais de perles colorées; ce sont ceux de :

K.	Sn.
Na.	Hg.
Li.	Zn.
Al.	Au.
Ba.	Pr.
Mg.	

b) A la flamme réductrice :

Perle bleue	Co.
Perle rouge brun	Cu, Mo.
Perle verte	Cr, Va, Fe.
Perle grise	Bi.
Perle incolore ou légèrement rosée	Mn.
Perle jaune à chaud, d'un gris opaque à froid	Ni.

3° *Coloration de la flamme :*

Flamme violette	K.
Flamme jaune	Na.
Flamme rouge jaunâtre	Ca.
Flamme rouge	Li.
Flamme verte	Mo.
Flamme verte	Cu, Te, acide borique, acide phosphorique, etc.
Flamme bleue	Se, As, Pb.

Pour faire l'essai de coloration, on emploie un fil fin de platine terminé en crochet; celui-ci est légèrement mouillé pour que la matière y adhère facilement.

Le même fil à crochet sert pour la confection des perles; on le fait d'abord rougir, puis on l'enduit de borax en poudre qui donne une perle incolore. C'est à cette perle que l'on fait adhérer la matière à essayer; on chauffe ensuite à la flamme oxydante ou à la flamme réductrice.

TABLE DES MATIÈRES

TABLE DES MATIÈRES

CHAPITRE III

ARSENIC

CHAPITRE IV

ÉTAIN

CHAPITRE V

URANIUM

CHAPITRE VI

TUNGSTÈNE

CHAPITRE VII

FER

CHAPITRE VIII

MANGANÈSE

CHAPITRE IX

CUIVRE

CHAPITRE X

PLOMB

CHAPITRE XI

OR

CHAPITRE XII

COMBUSTIBLES MINÉRAUX. CHARBONNAGES PORTUGAIS

CHAPITRE XIII

ESSAIS DES MINERAIS

39.746. — Bordeaux, imprimerie Y. Cadoret, G. Delmas, successeur, 17, rue Poquelin-Molière.

www.ingramcontent.com/pod-product-compliance
Ingram Content Group UK Ltd.
Pitfield, Milton Keynes, MK11 3LW, UK
UKHW022029170726
13837UKWH00001B/489